ÉTUDE

SUR LES

PATELLIDÆ

DES MERS D'EUROPE

PAR

LE Dr G. SERVAIN

Président de la Société Malacologique de France.

ANGERS

IMPRIMERIE-LIBRAIRIE GERMAIN & G. GRASSIN

RUE SAINT-LAUD

1886

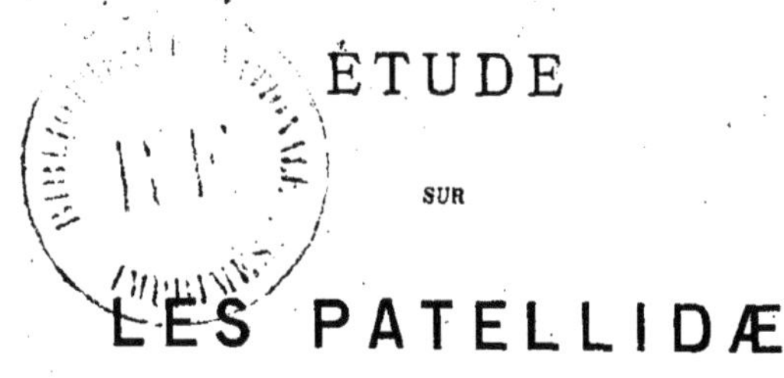

ÉTUDE

SUR

LES PATELLIDÆ

DES MERS D'EUROPE

ÉTUDE

SUR LES

PATELLIDÆ

DES MERS D'EUROPE

PAR

LE Dr G. SERVAIN

Président de la Société Malacologique de France.

ANGERS

IMPRIMERIE-LIBRAIRIE GERMAIN & G. GRASSIN

RUE SAINT-LAUD

1886

AVANT-PROPOS

La famille des Patellidæ, par le nombre de ses espèces, sa large distribution sur toutes les côtes, la grande variété des fossiles qu'elle a formés, peut passer à juste titre pour une des plus importantes de la conchyliologie. En se plaçant comme nous à un point de vue moins étendu, les Patellidæ des mers d'Europe (ce sont les seuls dont nous voulons nous occuper en ce moment), présentent aux naturalistes un champ d'études des plus variés et des plus abordables, une grande partie de ces coquilles vivant comme on le sait dans la zone littorale, entre le niveau de la haute et de la basse mer, ou à une faible profondeur au-dessous.

Tous les auteurs qui se sont occupés de la conchyliologie des mers d'Europe ont consacré un important chapitre à la description et au dénombrement des Patellidæ qui vivent sur nos côtes; mais, comme nous l'établirons plus loin, une grande confusion règne encore aujourd'hui dans cette famille, et l'on serait tenté de croire que, par leur tendance à réunir les espèces les plus différentes, certains auteurs se sont efforcés à plaisir de rendre cette étude plus ingrate et plus difficile encore ; aussi il nous a semblé qu'il ne serait pas inutile de rassembler en un tout et de soumettre aux malacologistes les diagnoses et les opinions diverses éparses dans tant d'ouvrages différents. Comme on le verra plus loin, nous avons cru devoir séparer plusieurs formes que les auteurs modernes réunissent généralement et qui nous ont paru avoir des caractères assez tranchés pour justifier notre manière de faire. Cette séparation pourra déplaire à certains naturalistes ennemis des nombreuses distinctions spécifiques et ne voulant admettre qu'un nombre d'espèces très limité. N'avons-nous pas vu dernièrement encore un auteur allemand soutenir qu'il n'y a dans son pays que deux espèces d'Anodontes? Quoi qu'il en soit, nous donnons ici notre opinion personnelle et le résultat de nos recherches, nous estimant suffisamment récompensé de nos peines si nous avons pu jeter un peu de lumière sur cette question si controversée.

Angers, juin 1886.

PATELLIDÆ (PATELLADÆ) Güilding.

Le mollusque que nous appelons Patelle paraît avoir été connu dès l'antiquité la plus reculée, et il était déjà un objet de consommation très apprécié des anciens, qui lui donnaient le nom de Lepas. C'est, suivant Jeffreys, un philologue byzantin du nom de Gaza qui semble avoir employé le premier le nom de Patelle, mais le mollusque ainsi nommé fut longtemps confondu avec d'autres espèces, jusqu'à ce que Lister vînt le distinguer et l'en séparer; malgré cela, la confusion persista de longues années encore et les auteurs depuis Linné, Gmelin, Turton, etc., rangeaient sous ce nom des espèces fort différentes, telles que des Lingula, des Crania, des Ancylus, des Purpura... Lamarck plaçait les Patelles dans la même famille que les Phillidies. Cuvier les réunissait aux Oscabrions sous le nom de Cyclobranches et les reléguait à la fin de ses Gastéropodes, tandis qu'il plaçait au commencement, sous le nom d'Inférobranches, les Phyllidies et les Diphyllides. Férussac, Blainville apportèrent encore d'autres modifications à cette famille, et Deshayes, s'appuyant sur les différences de l'appareil sexuel chez ces animaux, pensait qu'on doit séparer les espèces que Lamarck avait réunies. On range aujourd'hui les Patellidæ parmi les Gasteropoda scutibranchiata, sous-ordre des Edriophtalma.

Cette famille est fort nombreuse en espèces, même après que l'on en a éliminé les Fissurelles, les Emarginules, les Ombrelles, les Calyptrées... que Linné et Gmelin y avaient réunies et qui présentent des caractères bien tranchés. Le professeur Loven rangeait encore dans un même genre tous les mollusques à coquille patelliforme. Pour ne nous occuper que des auteurs plus récents, Forbes et Hanley comprennent dans la famille des Patellidæ les genres Patella, Acmæa (1) (ce sont des Nacella), Pilidium et Propilidium; Jeffreys les Patella, Helcion, Tectura, Lepeta et Propilidium; Brusina et Weinkauff les Patella et Acmæa seulement; Sars les Patella et Nacella; ce dernier auteur place le genre Acmæa (Tectura Jeffreys ex parte) et le genre Tectura dans la famille des Tecturidæ. Petit de la Saussaye envisage ce groupe d'une façon beaucoup plus large, puisqu'il y fait entrer les Patella, Acmæa, Pilidium, Propilidium, Lepeta, Gadinia et Siphonaria. M. le marquis de Monte-Rosato range dans la famille des Siphonariidæ le genre Williamia qui remplace l'ancien genre Scutulum (*Nom. gén. p. 150*).

On comprend qu'il soit impossible de concilier tant d'opinions diverses d'auteurs qui tous ont leurs raisons pour comprendre la famille des Patellidæ d'une façon particulière. Pour nous, le genre Gadinia, dont la coquille n'est pas symétrique, doit en être exclu tout d'abord ; il en est de même du genre Siphonaria, non pas tant à cause de l'asymétrie de la coquille que parce que ces mollusques

---

(1) Nous devons dire ici que le nom d'Acmæa ne saurait aucunement convenir à un genre de la famille des Patellidæ, et c'est à tort que Forbes et Hanley, Sars et d'autres naturalistes l'ont appliqué dans ce sens; il date de 1833 seulement avec cette signification, mais, dès 1821, Hartmann avait créé le genre Acmæa pour le *Truncatella truncatula* et, bien que ce genre ne puisse être admis, il n'en exclue pas moins l'emploi de celui créé postérieurement.

sont pulmonés et non branchifères. Nous n'y comprendrons pas non plus les Propilidium, à cause de l'enroulement spiral du sommet et du septum qu'ils présentent à leur partie interne. Dall serait tenté de ranger les Propilidium dans la famille des Fissurellidæ où ils représenteraient une Puncturelle imperforée. La famille des Patellidæ, telle que nous la comprenons, se compose donc seulement des genres Patella, Nacella, Tectura et Lepeta, et renferme des coquilles univalves, en forme de chapeau, à sommet non spiral tourné vers une extrémité, à ouverture extrêmement large formant toute la base du cône ; impression centrale dont la forme rappelle celle d'une amphore ou d'une spatule.

Les Patellidæ ont un habitat fort différent, suivant qu'ils appartiennent à tel genre ou à tel autre, car, pendant que les Patelles vrais vivent en général sur les rochers entre le niveau de la haute et de la basse mer et restent à sec une partie de la journée, les Nacella se trouvent plus particulièrement dans la zone des Laminaires, les Tectura et les Lepeta à une profondeur souvent beaucoup plus considérable. Ces coquilles sont fortement adhérentes aux corps sous-jacents dont il est souvent fort difficile de les détacher; dans les roches à tenture tendre, les Patelles creusent même parfois des excavations où elles disparaissent à moitié ; elles peuvent même quitter cet abri pour quelque temps, mais elles y reviennent ensuite (d'Orbigny fils).

Celles de ces coquilles qui vivent dans la zone littorale se nourrissent d'algues et de plantes marines ; celles qui vivent dans la zone profonde sont probablement carnivores, quoique leur fixité aux corps sous-jacents laisse difficilement comprendre comment elles peuvent se mettre en quête de leur nourriture.

Certaines conditions biologiques modifient probablement la forme des Patellidæ ; citons à ce propos une observation de M. Norman, reproduite par Jeffreys : « Plus la coquille, « il s'agit des Patelles, est prise près du niveau de la « haute mer, plus sa spire est élevée, ses rayons déve- « loppés et sa taille petite ; vit-elle au contraire près du « niveau de la basse mer, elle devient large, aplatie, avec « des côtes moins fortes. »

Le *Nacella pellucida* ne se trouve que sur les frondes des algues, la forme *lævis*, au contraire, exclusivement sur les tiges ; cette différence de forme tient-elle à la nature de la surface sur laquelle vit l'animal ? Gould admet cette explication pour le *Tectura testudinalis* qui se comprimerait latéralement et deviendrait le *Tectura alveus* lorsqu'il vit sur les feuilles étroites des Zostera ; il nous paraît toutefois plus probable qne ces deux espèces sont bien distinctes, car le *Tectura alveus* ne se rencontre pas dans les mers d'Europe, tandis que le *T. testudinalis* y est fréquent.

On comprend aussi que la présence des matériaux calcaires dans le voisinage du mollusque doit exercer une certaine influence sur la solidité et l'épaisseur du test et, jusqu'à un certain point, il en serait de même pour les coquilles marines que pour les terrestres qui prennent sur les roches calcaires plus de solidité et de développement que sur les roches granitiques ; c'est au manque de ces substances calcaires qu'il faut attribuer la minceur extrême de certains spécimens trouvés à Lerwick et qui paraissent comme exfoliés (Jeffreys).

PATELLA (Lister) Linnæus.

Linnæus, Syst. Nat., éd. X, p. 780, 1758.

Ce nom a été appliqué à nos coquilles à cause de la ressemblance qu'on a cru leur trouver avec la forme d'un petit plat. Comme elles vivent ordinairement réunies en grand nombre sur un même rocher auquel la pression atmosphérique les fait adhérer fortement, Rondelet les comparait à des têtes de clous enfoncés dans la pierre. On sait que presque toutes nos espèces sont comestibles et recherchées comme aliment par les habitants du littoral qui font aussi de certaines d'entre elles un appât pour prendre le poisson.

On comprend aujourd'hui sous le nom de Patelles des coquilles univalves, scutiformes ou coniques surbaissées, recouvrantes, concaves et simples en dessous, sans fissure à leur bord, à sommet central ou subcentral, ordinairement à côtes rayonnantes et à bord crénelé.

Nous laisserons de côté la structure et l'anatomie des Patelles, ne voulant étudier ici que la forme de ces coquilles. Le nombre des espèces contenues dans ce groupe est très considérable : on en connaît environ cent espèces fossiles et plus de cent cinquante vivantes répandues un peu dans toutes les mers. Celles des côtes d'Europe feront seules ici l'objet de notre étude.

Les mers d'Europe n'ont pas encore été complètement explorées, à l'exception bien entendu des côtes de l'Atlantique et de la Méditerranée qui ont été l'objet de nombreux travaux de naturalistes de tous les pays, mais nous manquons presque de documents pour la mer Noire, la mer Caspienne et même la Baltique; cette dernière devient d'ailleurs de moins en moins salée à mesure que l'on remonte vers le Nord et, dans ses deux prolongements, les golfes de Bothnie et de Finlande, les coquilles marines vivent pêle-mêle avec les fluviatiles; on comprend que ces conditions soient peu favorables à la propagation dans ces points des coquilles du groupe qui nous occupe en ce moment. Middendorff et Boll signalent, il est vrai, dans cette région, le *Pat. Tarentina* (*Woodward*, *traduction Humbert*, p. 66), mais il nous paraît probable que la coquille qu'ils citent n'est pas le *Tarentina*. Les îles Canaries, Madère et les Açores resteront aussi en dehors du cadre que nous nous sommes tracé.

Depuis longtemps, en parcourant les ouvrages de conchyliologie, nous avions été surpris de la confusion qui régnait dans la famille des Patelles. Linnæus, dans la dixième édition du *Systema naturæ*, range dans cette famille, avec des coquilles faisant partie d'autres genres, deux espèces qui appartiennent incontestablement aux mers d'Europe, les *Pat. vulgata* et *cærulea*; nous laissons de côté à dessein celles dont l'habitat est incertain ou erroné. Gmelin ajoute déjà à ces deux espèces les *Pat. ferruginea, margaritacea* et *Lusitanica*. Avec Lamarck, cette liste s'étend encore et comprend en plus les *Pat. aspera, plumbea, scutellaris, Safiana, Tarentina* et *punctata*. Payraudeau, Philippi, Requien, admettent les espèces de Lamarck et en ajoutent même de nouvelles.

Les auteurs plus modernes, au contraire, réunissent ce que leurs prédécesseurs avaient séparé. Nous voyons par exemple Jeffreys, dont les ouvrages font à juste titre autorité en matière conchyliologique, choisir un seul type, le *Pat. vulgata* et lui réunir sous le nom de variétés les espèces les plus différentes et les mieux caractérisées.

Weinkauff admet les *Patella ferruginea, Lusitanica* et *cœrulea*, mais sous ce dernier nom il comprend les *Patella plumbea*, *fragilis*, *Tarentina*, *Bonnardi*, *aspera*, *athletica* et *scutellaris ;* qu'on nous permette de citer ses propres paroles : « un riche matériel nous a « permis, dit-il, de faire cette réunion, et je ne doute « nullement que toutes les variétés ne se rapportent à « cette espèce (le *Pat. cœrulea*), peut-être à l'exception « du *Pat. Adansoni* de Dunker. Jeffreys conclut de « même, pour ce qui regarde le *Pat. vulgata*, et joint mes « variétés A et C au *Pat. vulgata*, qu'il prend pour forme « type. J'aurais pu aussi ajouter cette espèce, mais j'ai « négligé de le faire, parce que le *Pat. vulgata* ne paraît « pas se rencontrer dans la Méditerranée et parce qu'il me « paraît utile d'avoir un type pour chacune des deux mers, « afin que toutes les espèces ne viennent pas se réunir « sous le même nom. Ainsi il ne reste que deux espèces « qui se remplacent et dont l'une caractérise la zone du « Nord et l'autre celle du Sud. On peut à son gré adjoindre « les variétés à l'une ou l'autre de ces espèces... »

On voit par là que ces deux auteurs (Jeffreys et Weinkauff) admettent un type soit pour le Nord, soit pour le Midi, et en font dériver les autres espèces.

Brusina, Aradas et Benoit sont moins exclusifs et acceptent en partie les espèces de Lamarck ; M. de Monte-Rosato cite dans sa nomenclature générique les *Patella cœrulea, scutellaris, aspera, Tarentina* et *Lusitanica* pour laquelle il crée même le nouveau genre Patellastra (1). Ces derniers naturalistes nous paraissent, en maintenant ces espèces, avoir agi d'une façon bien plus rationnelle, car, s'il est certain que ces coquilles passent d'une forme à l'autre par des transitions souvent presque insensibles, il n'en est pas moins vrai qu'arrivés à leur complet développement elles présentent des caractères parfaitement tranchés et qu'on ne saurait méconnaître, et il nous semble bien plus juste de décrire comme espèces différentes que de réunir sous le même nom des coquilles aussi disparates que les *Pat. Tarentina, athletica* et *scutellaris.*

Nous ne recommencerons pas ici d'interminables discussions sur l'espèce et la valeur qu'on doit lui attribuer dans l'échelle animale ; des naturalistes plus autorisés que nous ont maintes fois traité cette question et fixé ce que l'on doit entendre sous ce nom ; nous dirons simplement, avec le savant malacologiste Locard, qu'abuser de la notion de la variété en faisant rentrer de parti pris sous ce vocable certaines formes parfaitement définies, bien distinctes dans leurs caractères, bien constantes dans leur manière d'être, c'est, au lieu de simplifier la science, le meilleur moyen de l'obscurcir et de la rendre incompréhensible. Pour nous qui nous honorons d'appartenir à la nouvelle école mala-

(1) Pendant que notre travail était à l'impression, nous avons reçu le 12e fascicule des Mollusques du Roussillon. MM. Bucquoy, Dautzenberg et Dollfus adoptent les idées de Weinkauff et rapportent au Pat. cœrulea, sous le nom de variétés, les Pat. subplana, aspera et Tarentina; chacune de ces formes comprend en outre un certain nombre de *mutations* dans lesquelles ils rangent les coquilles qui ne leur paraissent pas assez importantes pour constituer elles-mêmes des variétés, comme par exemple la mutation fragilis du Pat. cærulea, les mutations intermedia, stellata, cognata, spinulosa, etc...

cologique, la présence de trois caractères principaux suffit pour établir une espèce, et c'est en nous appuyant sur ce principe que nous publions aujourd'hui cette étude sur les Patellidæ des mers d'Europe.

Nous prions M. Arnould Locard de vouloir bien accepter ici tous nos remerciements pour l'extrême obligeance dont il a fait preuve à notre égard, en nous communiquant les coquilles de sa collection et les épreuves de son Prodrome de malacologie française, dans lesquelles nous avons puisé de précieux renseignements.

On peut rapporter les Patelles des mers d'Europe à quatre groupes principaux :

A. GROUPE DU P. VULGATA.

B. GROUPE DU P. FERRUGINEA.

Pat. ferruginea, Gmelin { Pat. Lamarckii, Payraudeau. Pat. plicata, Costa. Pat. pyramidata, Lamarck.

— Rouxi, Payraudeau.
— Safiana, Lamarck.

C. GROUPE DU P. CÆRULEA.

Pat. cærulea, Linnocus.
— plumbea, Lamarck.
— Lowei, Mac-Andrew.
— Tarentina, v. Salis.
— Bonnardi, Payraudeau.
— aspera, Lamarck.
— athletica, Bean.
— fragilis, Philippi.
— scutellaris, Blainville.
— subplana, Potiez et Michaud.

D. Groupe du P. Lusitanica.

Pat. Lusitanica, Gmelin.

Chacune de ces espèces nous présentera à étudier successivement :

La diagnose ou caractères de la coquille ;
Les variétés principales ;
Les rapports et les différences avec les espèces voisines ;
L'habitat ;
La dispersion ;
L'origine.

La diagnose comprendra successivement l'étude de :

La forme et aspect ;
La sculpture ;
La couleur ;
Le sommet ou le bec ;
La bouche ou ouverture ;
Le bord ;
L'intérieur.

La partie antérieure de la coquille est pour nous celle vers laquelle est tourné le sommet, sauf dans le genre Lepeta où le sommet est incliné en arrière.

Pour les indications bibliographiques, nous ne citerons que les principaux parmi les auteurs qui ont mentionné chacune de nos coquilles.

On comprend aussi que les mensurations que nous avons données n'ont rien de fixe, certaines coquilles atteignant dans des conditions déterminées des dimensions tout autres que celles qu'elles ont ordinairement. Nous nous sommes basé, pour établir ce caractère essentiellement variable, sur les dimensions données par les auteurs et sur celles des coquilles qu'il nous a été permis d'examiner.

PATELLA VULGATA

Patella vulgata, *Linnæus*, Syst. Nat., éd. X, p. 782, 1758.
Patella vulgata, *Gmelin*, Syst. Nat., p. 3697, 1789.
Patella vulgata, *Pennant*, Brit. Zool., IV, t. 89, fig. 145, 1777.
Patella vulgata, *Donovan*, Brit. Shells, pl. 14, 1799.
Patella vulgata, *Montagu*, Test. Brit., p. 475, 1803.
Patella vulgata, *Blainville*, Malac., pl. 48, fig. 1 et 49 fig. 1, 1825.
Patella vulgata, *Lamarck*, éd. Deshayes, VII, p. 535, 1836.
Patella vulgata, *Brown*, Ill. Conch., 2e éd., p. 63, pl. 20, fig. 5, 15, 17, 1844.
Patella vulgata, *Forbes et Hanley*, Brit. Moll., II, p. 421, pl. 61, fig. 5, 6, 1853.
Patella vulgata, *Jeffreys*, Brit. Conch., III, p. 236, 1865 et V, pl. 57, fig. 1, 2, 1869.
Patella vulgata, *Locard*, Prod. Mal. Franc., p. 340, 1886.

DIAGNOSE. — *Forme :* celle d'un cône ordinairement régulier, souvent élevé ; la coquille est solide, terne, demi-transparente comme de la corne. La forme est essentiellement variable et, comme le fait remarquer Jeffreys, cette espèce aurait autant de droits au nom de polymorpha qu'à celui de vulgata ; mais c'est à tort que Da Costa prétend que les coquilles coniques et pointues sont celles qui sont parfaitement adultes et les coquilles déprimées celles qui sont moins avancées en âge, car on en trouve souvent qui ont atteint tout leur développement et qui présentent la forme déprimée.

Sculpture : également très variable. Nombreux rayons partant du sommet et devenant plus forts et plus larges en approchant du bord libre. Leur nombre est extrêmement variable, car, pendant que Linné et Gmelin mentionnent dans leurs descriptions quatorze rayons obsolètes, ce qui s'explique parce que, dans certains exemplaires de la collection linnéenne, quelques-unes de ces côtes sont plus élevées que les autres et ont seules été comptées (voir Hanley, *ipsa Linnæi conchylia*, p. 421), les auteurs anglais et français font mention d'un nombre très considérable et fort variable de rayons. Entre ces côtes qui, dans beaucoup d'échantillons pris sur le littoral français, sont au nombre de vingt-cinq ou trente, on remarque deux ou trois (quelquefois plus) stries parallèles moins hautes. Dans quelques échantillons, les rayons sont fins, de hauteur égale et extrêmement nombreux. Au microscope, on découvre sur toute la surface des lignes longitudinales étroitement serrées et de nombreuses et irrégulières lignes concentriques d'accroissement.

Couleur : ordinairement d'un gris livide ou d'un jaune brun pâle, coupé parfois par des raies longitudinales pourpres divergentes; d'autres fois le fond est jaunâtre, rayé de noir plus ou moins foncé ou de couleur chocolat; quelquefois aussi la coquille présente des taches blanches, ou elle est entourée de bandes circulaires ou ceinturons qui se détachent agréablement sur le fond. La substance de la coquille est d'un jaune olive, jamais blanche.

Sommet : il est mousse, non incliné, souvent érodé, et placé habituellement presque au centre de la coquille.

Ouverture : ronde ovale, souvent plus large en arrière.

Bord : Quelquefois presque entier, ordinairement peu dentelé ; taillé en biseau.

Intérieur : lisse, nacré, lustré, présentant diverses colorations tirant plus ou moins sur le jaune corné, et montrant surtout au bord les rayons colorés. La spatule ou tache centrale est d'un blanc plus ou moins pur, quelquefois jaune d'or ou couleur de crême.

Dimensions : Diamètre longitudinal, 4 à 4 cent. 1/2 en moyenne; diamètre transversal, 3 à 3 cent. 1/2; hauteur, 2 à 2 cent. 1/2, fort variable.

VARIÉTÉS : On voit par la description qui précède que peu d'espèces sont aussi sujettes que le *Pat. vulgata* a des variations portant sur la forme, la hauteur, la couleur et l'ensemble de tous les caractères; aussi quelques auteurs ont séparé cette espèce en plusieurs autres. Jeffreys, comme nous l'avons dit plus haut, joint au Pat. vulgata les *Pat. athletica, Tarentina* et *cærulea.* Mais, dans toutes les variétés qui ont été distinguées par les auteurs, nous n'avons pas trouvé réunis d'une façon constante les trois caractères principaux qui sont nécessaires pour constituer des espèces différentes ; toutes, au contraire, présentent entre elles un air de famille qui ne nous a pas permis de les séparer.

Nous mentionnerons parmi les principales formes les variétés *elevata, intermedia* et *depressa* de Jeffreys, cette dernière étant pour le conchyliologue anglais le *Pat.*

depressa de Pennant et le *Pat. athletica* de Bean. M. Arnould Locard a bien voulu nous communiquer aussi une superbe variété trouvée à Saint-Malo et aux îles Chausey : la forme est celle d'un cône bien régulier atteignant des dimensions vraiment extraordinaires : diamètre longitudinal, 6 cent.; diamètre transversal, 5 cent. 1/2; hauteur 4 cent.

Rapports et différences : Cette espèce est caractérisée par sa forme ordinairement conique élevée, ses rayons nombreux proéminents et inégaux, son sommet subcentral, sa couleur interne et externe, etc...

Le *Patella cœrulea* s'en distingue par sa forme plus déprimée, moins conique, ses côtes moins élevées, son sommet moins central, la couleur bleue de l'intérieur, etc.

Le *Patella athletica* est plus déprimé, moins conique ; possède des côtes plus élevées, moins nombreuses, imbriquées, un bord plus découpé... ; la substance de la coquille est d'une couleur différente.

Habitat : Coquille des plus répandues, qu'on trouve sur tous les rochers entre le niveau de la haute et de la basse mer ; quelquefois au-dessus de la haute mer.

Nous avons dit que cette espèce servait de nourriture aux habitants du littoral ; les rats s'en montrent aussi très friands et parviennent à la détacher des rochers auxquels elle adhère, comme cela a parfois été observé, notamment par le gardien du phare de Scalpa. Il nous a été donné à nous-même d'assister à pareil spectacle à Port-Navalo, à l'extrémité de la presqu'île de Rhuys.

Dispersion : Côtes de Norwège; Bergen; îles Loffoten;

Danemarck (Sars, Loven); îles Feroë (Morch). Elle est citée en Angleterre, Écosse, Irlande, par tous les auteurs anglais. Côtes de France : Manche (Terquem, Bouchard, de Gerville, Locard. .). Océan atlantique, tout le long des côtes françaises (Taslé, Cailliaud, Daniel, Beltrémieux, Locard...). Côtes d'Espagne et de Portugal (Hidalgo, Mac-Andrew). Détroit de Gibraltar (expédition du Porcupine).

On a douté longtemps de l'existence de cette espèce dans la Méditerranée ; Jeffreys, il est vrai, la mentionne dans cette mer, en s'appuyant sur l'autorité de Forbes et de Weinkauff, mais on ne doit pas oublier que l'auteur anglais (Jeffreys) et l'auteur allemand confondent sous le nom de *vulgata*, plusieurs espèces dont l'existence dans la Méditerranée n'a jamais fait de doute pour personne, telles que les *Pat. cœrulea* et *Tarentina*. Scacchi et Costa citent aussi cette espèce dans le golfe de Naples, mais c'est probablement du *Pat. ferruginea* qu'ils veulent parler. Brusina, Aradas et Benoit, le marquis de Monte-Rosato n'en parlent pas dans leurs travaux sur le bassin méditerranéen. Elle est mentionnée à Cette (Granger) ; près d'Aigues-Mortes (Clément); dans les Pyrénées-Orientales et dans le Var (Locard) ; enfin, M. Dautzenberg la cite avec un point de doute, dans son catalogue des coquilles de Gabès. D'après ce que nous venons de dire, cette espèce s'étendrait donc le long des côtes occidentales de l'Europe et dans le bassin de la Méditerranée. On ne l'a pas trouvée dans les régions polaires, non plus qu'en Amérique, au Groënland, ni en Islande ; elle ne paraît pas descendre au Sud plus bas que le détroit de Gibraltar.

Origine : fossile des dépôts pliocènes, du crag rouge et postertiaire dans les plages soulevées de Scandinavie, d'Angleterre, d'Irlande et de France.

D'après les lois de l'antériorité, et s'il n'était d'usage en conchyliologie de ne pas remonter pour les noms spécifiques au-delà de Linné, cette espèce devrait porter le nom de *vulgaris*, que Belon lui avait imposé deux siècles environ avant l'auteur suédois ; ce nom lui a été conservé par Da Costa, Landt et d'autres naturalistes, mais celui de *vulgata* a définitivement prévalu aujourd'hui.

PATELLA FERRUGINEA

Patella ferruginea, *Gmelin*, Syst. Nat., p. 3706, 1789.

Patella Lamarckii, *Payraudeau*, Moll. de Corse, p. 90, pl. IV, fig. 3, 4, 1826.

Patella plicata, *Costa*, Cat. syst., p. 119, 1829.

Patella ferruginea, *Philippi*, En. Moll. Sic., I, p. 108, 1836.

Patella vulgata, *Scacchi*, Cat. conch. Neap., p. 17, 1836.

Patella ferruginea, *Philippi*, En. Moll. Sic., II, p. 83, 1844.

Patella ferruginea, *Weinkauff*, Conch. des Mittelm, II, p. 401, 1868.

Patella ferruginea, *Petit de la Saussaye*, Cat. Test. Europ., p. 90, 1869.

Patella ferruginea, *Aradas* et *Benoit*, Conch. viv. dell. Sicilia, p. 118, 1870.

Patella ferruginea, *Monte-Rosato*, Enum. e Sinon, p. 18, 1878.

Patella ferruginea, *Locard*, Prodr. Mal. Franc., p. 340, 1886.

Diagnose. — *Forme :* coquille très grande, pyramidale plus ou moins déprimée, oblongue ovale, quelquefois rétrécie en avant, épaisse, pesante, terne et opaque.

Sculpture: côtes nombreuses (une quarantaine environ), épaisses, obtuses, proéminentes, devenant plus larges vers le bord libre de la coquille, qu'elles dépassent sensiblement; elles sont rudes, onduleuses, irrégulièrement tuberculo-noueuses et alternent avec des rayons plus petits; elles deviennent encore plus irrégulières aux points où elles sont croisées par les lignes d'accroissement.

Couleur: fauve rouillé, plus ou moins foncé et inégalement réparti, ce qui donne à la coquille un aspect sale et tacheté; quelquefois la surface est interrompue par des zones concentriques plus foncées.

Sommet: aigu, de la couleur de la coquille ou blanchâtre, placé environ vers les deux cinquièmes antérieurs de la coquille.

Ouverture : ovale oblongue, parfois rétrécie en avant.

Bord: plissé et fortement dentelé par l'extrémité des rayons.

Intérieur : d'un blanc de lait brillant, nacré, devenant noirâtre dans le fond qui est bordé d'une zone plus claire.

Dimensions : diamètre longitudinal, 8 à 10 cent.; diamètre transversal, 7 à 8 cent.; hauteur, 3 à 4 cent.

Variétés : les différences dans la hauteur de la coquille, le nombre et l'épaisseur des rayons, ainsi que la couleur, constituent les principales variétés.

Rapports et différences : espèce reconnaissable à sa forme assez déprimée, à son épaisseur, sa couleur, au nombre et à l'alternance de ses rayons, à son bord dentelé, etc.

Le *Pat. Rouxi* est plus conique élevé, possède des rayons bien plus nombreux, plus petits, égaux entre eux, non imbriqués, un bord presque entier, une couleur différente, etc.

Le *Pat. Safiana* est plus déprimé, avec des côtes moins nombreuses, non tuberculo-noueuses, égales entre elles, un bord non dentelé, etc.

Habitat : espèce assez commune dans la Méditerranée, où on la trouve toujours à une profondeur de trois ou quatre mètres. D'après Weinkauff, on ne la verrait jamais au-dessus du niveau de la mer, comme on fait souvent pour les autres espèces méditerranéennes ; on la récolte surtout sur les caps et les rochers exposés au choc des vagues.

Dispersion : Corse (Payraudeau) ; Lavesi, Ajaccio (Requien) ; Naples (Scacchi), probablement sous le nom de vulgata ; Sicile (Philippi, Aradas et Benoît, Monte-Rosato) ; Morée (Deshayes) ; Mer Egée (Forbes) ; Algérie, Syrie (Weinkauff) ; Mahon (Hidalgo) ; côtes de Provence, Alpes-Maritimes (Petit, Doublier, Reeve) ; côté nord de la mer

Noire (Middendorff). Cette espèce n'est pas citée dans la mer Adriatique par Brusina dans ses *Contributions*, ni dans les *Ipsa Chiereghinii conchylia*. Klécak n'en parle pas non plus dans son catalogue des coquilles marines de Dalmatie, à moins qu'il ne veuille désigner cette espèce sous le nom de *vulgata* ; il nous semble peu probable qu'une espèce aussi caractérisée que le *Pat. ferruginea* ait pu échapper à ces consciencieux observateurs. M. Arnould Locard, dans son prodrome, mentionne cette coquille, de la Manche (Macé, Grube), et de l'Océan (de Folin). Les coquilles de cette espèce citées par Middendorff dans la mer Noire paraissent former le passage du *Pat. ferruginea* au *Pat. Rouxi*.

ORIGINE : subfossile dans les cavernes près Palerme (Philippi). Fossile près Messine (Seguenza)

Cette espèce a reçu bien des noms différents : le *Pat. pyramidata* de Lamarck n'en est sans doute qu'une variété élevée, autant qu'on en peut juger par la diagnose écourtée de l'auteur, qui ne cite ni localité ni figuration. La planche 22 de Delessert, où cette espèce est représentée fig. 3, A B C, permet de bien se rendre compte des caractères du *Pat. pyramidata*.

Quant au *Pat. plicaria* de Born et de Gmelin, assimilé par Payraudeau à notre espèce, toutefois avec un point de doute, l'absence de rayons plus petits intermédiaires aux plus grands doit suffire à le faire éliminer de la synonymie ; cette espèce habite d'ailleurs le détroit de Magellan.

La description du *Pat. Lamarckii* de Payraudeau se rapporte entièrement à notre espèce. Il en est de même de celle du *Pat. plicata* de Costa qui paraît en être une simple variété. Lamarck, éd. Deshayes, t. VII, p. 526, cite le *Pat. Lamarckii* en synonymie du *Pat. barbara* de Linné ; nous verrons un peu plus loin que le *Pat. Rouxi* est regardé par certains auteurs comme étant aussi ce même *Pat. barbara*, lequel présente des caractères différents, autant qu'on en peut juger par la courte diagnose linnéenne. Hidalgo a nommé notre patelle *Pat. costato plicata*, nom inacceptable, comme le fait fort bien remarquer Weinkauff.

PATELLA ROUXI

Patella Rouxii, *Payraudeau*, Moll. de Corse, p. 90, pl. 4, fig. 1, 2, 1826.

Patella Rouxii, *Philippi*, En. Moll. Sic. p. 84, 1884.

Patella Rouxii, *Requien*, Coq de Corse, p. 38, 1848.

Patella ferruginea, var. pyramidata *Weinkauff*, Conch. des Mittelm., t. II, p. 401, 1868.

Patella barbara, *Petit de la Saussaye*, Cat. Test. Eur. p. 90, 1869.

Patella barbara, *Aradas et Benoît*, Conch. viv. dell. Sicilia, p. 118, 1870.

Patella ferruginea, var. Rouxii, *Monte Rosato*, Enum., e Sinon., p. 18, 1878.

Patella Rouxi, *Locard*, Prodr. Mal. Franç., p. 340, 1886.

Diagnose. — *Forme :* coquille grande, convexe, élevée, pyramidale, ovalaire, solide, épaisse et opaque.

Sculpture : côtes très nombreuses (de cinquante à soixante), petites, à peine proéminentes, égales en grosseur, obtuses et onduleuses, devenant peu sensibles vers le sommet.

Couleur : ordinairement d'un blanc brillant sous l'épiderme qui est d'un fauve noirâtre.

Sommet : élevé, aigu, incliné vers la partie antérieure et placé au tiers environ de la longueur de la coquille.

Ouverture : ovalaire plus ou moins allongée et parfois retrécie en avant.

Bord : presque entier, à peine entaillé par la terminaison des rayons, mais cependant onduleux et un peu crénelé.

Intérieur : ordinairement blanchâtre.

Dimensions : diamètre longitudinal : 7 à 8 cent. ; diamètre transversal 5 à 6 cent. ; hauteur 4 cent. environ.

VARIÉTÉS : Elles dépendent surtout des dimensions de la coquille et de son degré plus ou moins grand de hauteur.

RAPPORTS ET DIFFÉRENCES : Cette coquille est reconnaissable à sa taille élevée, à la hauteur du cône qu'elle forme, à son épaisseur, à ses côtes nombreuses, égales et onduleuses, à son bord presque entier....

On la distingue facilement du *Pat. ferruginea* qui a une forme plus déprimée, un sommet moins élevé, moins rapproché du bord antérieur, des côtes plus saillantes, tuberculo-noueuses, alternant en grosseur, un bord plus découpé, etc...

Le *Patella Safiana* est bien plus déprimé, possède des côtes moins nombreuses, blanches, épaisses, séparées par des intervalles brun marron, etc...

Habitat : Espèce peu commune, vivant ordinairement avec la précédente et dans les mêmes conditions.

Dispersion : Essentiellement Méditerranéenne, Corse, golfes de Santa-Manza ; de Ventilègne ; îles de Lavezzi, Cavallo, Cibricagli (Payraudeau) ; Bonifacio (Requien) ; Sicile (Philippi) ; environs de Bône (Weinkauff) ; côtes de Palerme et d'Augusta (Aradas et Benoît) ; Antibes, Alpes-Maritimes (Petit, Doublier, Roux), cités par Locard ; îles Sainte-Marguerite.

Les auteurs qui ont suivi Payraudeau, dit Weinkauff, ont tous exprimé un doute sur la valeur du P. Rouxi, mais aucun n'a réuni les deux espèces (*P. Rouxi et P. Ferruginea*) ; cette réunion serait justifiée aux yeux de l'auteur auquel nous empruntons ce passage, par les formes intermédiaires passant de l'une à l'autre. Nous avons dit plus haut ce que nous pensions à ce sujet, et en conséquence nous adoptons la manière de voir de Payraudeau, de Philippi et des auteurs qui considèrent le *P. Rouxi* comme une bonne espèce. Petit de la Saussaye, tout en adoptant cette espèce, la rapporte au *P. barbara* de Linné ; Aradas et Benoît font de même. S'il nous était permis de nous prononcer à ce sujet, nous dirions que les caractères assignés au *P. barbara* par Linné et Lamarck, doivent faire écarter cette manière de voir ; d'après ces auteurs, le *P. barbara* présente un bord denté et dix-neuf côtes élevées et muriquées, et serait originaire des îles Falkland. Sans attacher à cet habitat plus d'importance qu'il n'en a réellement, nous pensons toutefois qu'il doit, pour une certaine part, entrer en ligne de compte et, en corroborant les autres caractères, contribuer à faire rejeter l'opinion des auteurs que nous avons cités.

Le *Patella barbara* de Linné nous paraît une des espèces les plus difficiles à reconstituer et, quoique Hanley dans ses *ipsa Linnœi conchylia* nous apprenne que les exemplaires de la collection linnéenne se rapportent suffisamment à la description publiée sous ce nom, il réunit à cette espèce le *Pat. spinifera* de Lamarck, faisant des *Pat. cypria* de Gmelin et *barbata* de Lamarck deux variétés de ce dernier.

Weinkauff considère le *Pat. Rouxi* comme la variété pyramidata de son *Pat. ferruginea*, et M. de Monte-Rosato le rapporte aussi comme variété à cette espèce.

PATELLA SAFIANA

Patella Safiana, *Lamarck,* An. s. vert., VI, p. 327, 1819.

Patella Safiana, *Lamarck,* éd. Deshayes, VII, p. 532, 1836.

Patella Safiana, *Delessert,* Rec. coq., pl. 22, fig. 2, a. b. c., 1841.

Patella Safiana, *Petit de la Saussaye,* Cat. Moll. Test. p. 90 et 204, 1869.

Patella Safiana, *Monte-Rosato*, En. e Sin., p. 18, 1878.

Patella Safiana, *Locard*, Prodr. Mal Franç., p. 341, 1886.

Diagnose. — *Forme :* coquille très grande, convexe, conique déprimée, ovale oblongue ou elliptique, solide, épaisse et opaque.

Sculpture : côtes rayonnantes, larges, assez élevées, aplaties en dessus, devenant un peu plus larges vers la périphérie ; elles sont de couleur blanche, au nombre de 25 ou 30, quelquefois doubles ; elles ne s'étendent pas jusqu'au sommet et ne dépassent pas le bord libre de la coquille. Les intervalles des côtes sont occupés par des rayons colorés en brun. La surface présente des raies concentriques assez régulières, devenant plus visibles à mesure qu'elles s'éloignent du sommet, et croisant les côtes dont nous venons de parler, mais sans jamais former d'imbrications comme dans le *Pat. ferruginea.*

Couleur : les côtes se détachent en blanc sur leurs interstices qui sont fauves ou d'un brun jaunâtre.

Sommet : subaigu, un peu réfléchi en avant, blanchâtre et dépourvu de côtes qui ne s'étendent pas jusqu'à lui, il est situé environ au tiers antérieur de la longueur.

Ouverture : régulière, ovale oblongue ou elliptique.

Bord : assez régulier, très peu dentelé par les côtes, parfois un peu sinueux, et taillé en biseau à la partie interne.

Intérieur : il est couvert d'une nacre bleuâtre laissant voir par transparence la coloration brune des rayons qui sont souvent interrompus par une zone jaunâtre ; le bord est marqué de brun et de blanc ; tache centrale jaunâtre.

Dimensions : Diamètre longitudinal : 7 à 8 cent. ; diamètre transversal : 5 à 6 cent. ; hauteur, 25 à 30 millim.

Lamarck assigne à cette espèce quatre pouces de diamètre longitudinal (108 millimètres), ce doit être la longueur extrême, et les mensurations que nous avons données nous paraissent représenter les dimensions moyennes du *Pat. safiana.*

VARIÉTÉS : Espèce variant dans ses dimensions, sa forme plus ou moins déprimée, sa couleur, le nombre des côtes....

RAPPORTS ET DIFFÉRENCES : Coquille caractérisée par sa grande taille, sa coloration, ses côtes larges et aplaties, etc...

Le *Pat. ferruginea* s'en distingue par sa forme plus élevée, ses côtes plus nombreuses, plus élevées, alternant en grosseur, onduleuses, tuberculo-noueuses, par son bord dentelé, son épaisseur plus grande, etc..

Le *Pat. Rouxi* est plus élevé, plus conique, possède un bien plus grand nombre de côtes, petites, à peine proéminentes, onduleuses, de la même couleur que le fond de la coquille qui est blanchâtre sous un épiderme noirâtre, etc...

Il serait difficile de confondre notre espèce avec le *Pat. Tarentina* qui est beaucoup plus petit, bien moins épais, avec des rayons plus nombreux, moins larges, s'étendant jusqu'au sommet qui est ordinairement subcentral.

Habitat et dispersion : Cette coquille que l'on trouve comme les autres patelles fixée aux rochers, est une espèce des côtes occidentales du Maroc qui a remonté jusque dans la Méditerrannée. Lamarck la cite du Maroc, Petit de la Saussaye de l'Algérie, M. de Monte-Rosato de l'Algérie et du Maroc, M. Locard de la côte de Nice.

Origine : nous ignorons si cette espèce a été mentionnée quelquefois à l'état fossile.

Elle a sans doute été confondue souvent avec le *Pat. ferruginea.*

PATELLA CÆRULEA

Patella cærulea, *Linnœus*, Syst. Nat. (éd. X), p. 782, 1758.

Patella cærulea, *Martini,* Conch. Cab I, pl. 8, fig. 64.

Patella crenata, *Gmelin,* Syt. Nat. p. 3706, 1789.

Patella cærulea, *Payraudeau,* Moll. de Corse, p. 87, 1826.

Patella cœrulea, *Deshayes*, Exp. sc. de Morée, p. 132, 1832.

Patella cærulea, *Philippi,* En. Moll. Sic. I, p. 110, pl. 7, fig. 5 a. b. 1836.

Patella cærulea, *Lamarck*, An. s. vert. éd. Deshayes, VII, p. 531, 1836.

Patella cærulea, *Hanley,* ipsa Linnæi Conchyl. p. 421, 1855.

Patella vulgata, var. 5 cærulea, *Jeffreys,* Brit. Conch. III, p. 237, 1865 et V, pl. 57, fig. 4, 1869.

Patella cærulea, *Weinkauff*, Conch. des Mittelm. II, p. 404, 1868.

Patella cærulea, *Aradas et Benoit*, Conch. viv. della Sic. p. 119, 1870.

Patella cærulea, *Monte-Rosato*, Nom. gén. p. 34, 1884.

Patella cærulea, *Locard*, Prodr. Mal. Franc., p. 342, 1886.

DIAGNOSE. — *Forme :* Coquille habituellement conique déprimée, de forme ronde, ovale, régulière, assez mince, terne, demi-transparente.

Sculpture : rayons nombreux, parfois comme onduleux, partant du sommet de la coquille ; ils sont larges, assez délicats et irréguliers. On remarque entre eux plusieurs stries plus petites, parallèles et irrégulières ; nombreuses et irrégulères lignes concentriques d'accroissement.

Couleur : gris tirant sur le jaune ou sur le vert, quelquefois d'un noir olivâtre ; les rayons sont parfois plus foncés que le fond de la coquille.

Sommet : pointu, incliné en avant, plus rapproché du bord antérieur (situé au tiers environ de la longueur).

Ouverture : ovale arrondie, parfois un peu plus étroite en avant qu'en arrière.

Bord : légèrement festonné par l'extrémité des rayons et des stries, et taillé en biseau.

Intérieur : d'uu bleu opalin iridescent, plus ou moins foncé, sous lequel on distingue par transparence la couleur jaunâtre de la coquille et quelquefois des raies plus ou moins noires formées par les rayons. Une tache blanche au fond, dans la partie qui correspond au sommet.

Dimensions : diamètre longitudinal : 3 cent. à 3 cent. 1/2 ; diamètre transversal, 2 cent. 1/2 à 3 ; hauteur, 1 cent 1/2.

VARIÉTÉS : elles consistent principalement dans la dépression plus ou moins grande de la coquille, la largeur des rayons et la couleur du test.

RAPPORTS ET DIFFÉRENCES : ce qui distingue particulièrement cette espèce c'est sa forme déprimée, la délicatesse et l'irrégularité de ses côtes, ainsi que la couleur bleue de l'intérieur.

L'espèce qui s'en rapproche le plus est le *Pat. vulgata*, mais on distinguera facilement ce dernier à sa coquille plus conique et plus haute, à ses côtes plus fortes et plus élevées, à son sommet plus près du centre de la coquille et à la couleur différente de l'intérieur, etc...

Le *Pat. scutellaris* en diffère par sa forme ordinairement encore plus déprimée, son contour bien plus irrégulier et comme polygonal, ses rayons moins nombreux et beaucoup plus larges, sa couleur différente, etc.

HABITAT : cette espèce, plutôt locale que rare, se trouve fixée aux rochers et aux pierres, quelquefois en grande quantité, sur les limites de la basse mer ; souvent à l'embouchure des cours d'eau.

DISPERSION : l'Océan Atlantique et la Méditerrannée ; côtes d'Angleterre, de France ; Loire-Inférieure (Cailliaud) ; l'île d'Yeu ; golfe de Gascogne ; côtes d'Espagne et de Portugal ; Corse ; Ajaccio (Requien) ; golfe de la Spezzia

(Capellini) ; golfe de Naples (Scacchi) ; Sicile (Philippi, Aradas et Benoît, Monte-Rosato) ; Dalmatie (Brusina) ; Chioggia dans l'Adriatique ; Algérie ; Grèce ; Syrie ; golfe de Gabès (Dautzenberg) ; îles du Cap Vert, très abondant (T. de Rochebrune) ; Ténériffe (Webbs et Berthelot) ; Pyrénées-Orientales ; Aude ; Var (Locard) ; Bouches-du-Rhône (Marion) ; Alpes-Maritimes (Roux), etc...

ORIGINE : fossile de Sicile, de Calabre (Philippi, Seguenza).

Le *Pat. cærulea* a reçu bien des noms différents : c'est le *Pat. crenata* de Gmelin, le *Pat. lugubris* de Risso, le *Pat. scutellaris* de Sandri, le *Pat. vulgata* var. *cærulea* de Jeffreys, etc... En revanche Montagu a appliqué le nom de cærulea à une espèce fort différente, le Nacella pellucida, et il pense que le *Pat. cærulea* de Gmelin n'est autre chose que cette Nacelle arrivée à tout son développement ; mais la description de Gmelin ne nous paraît pas pouvoir se rapporter à cette dernière espèce, puisqu'elle s'applique à une coquille érodée subanguleuse, à stries nombreuses et inégales et bleue en dessous. Blainville, dans le Dictionnaire des Sciences naturelles, et Deshayes, dans l'Encyclopédie, ont décrit sous le nom de *Pat. cærulea* une espèce de Sainte-Hélène.

PATELLA PLUMBEA

Patellaplumbea, *Lamarck*, An. s. Vert. VI, p. 530, 1817.

Patella plumbea, *Lamarck*, An. s. vert. éd. Deshayes, VII, p. 530, 1836.

Patella plumbea, *Potiez et Michaud*, Gal. de Douai, I, p. 529, 1838.

Patella cærulea, Var. a. ovalis elevata, *Weinkauff*, Conch. des Mitt. II p, 404, 1868.

Diagnose. — *Forme* : coquille conique assez élevée, de forme elliptique ou ovale oblongue, assez épaisse, terne et opaque.

Sculpture : nombreux rayons ou cannelures partant du sommet et s'iridiant jusqu'au bord. Ils sont assez élevés, mousses, rudes au toucher et séparés les uns des autres par un ou deux rayons plus petits ; ils vont en s'élargissant du sommet à la périphérie et sont ininterrompus d'une extrémité à l'autre, n'étant pas entamés par les lignes d'accroissement.

Couleur : d'un cendré plus ou moins foncé, rappelant la couleur de plomb comme l'indique le nom spécifique.

Sommet : blanchâtre, obtus, un peu usé, non incliné vers la partie antérieure et subcentral.

Ouverture : elliptique ou ovale arrondie, presque aussi large en avant qu'en arrière.

Bord : dentelé et rendu irrégulier par l'extrémité des rayons, taillé en biseau à la partie interne et presque tranchant.

Intérieur : uni, luisant, d'un cendré bleuâtre iridescent, sur lequel les côtes se détachent en noir par transparence ; la tache du fond est d'un blanc lacté. Potiez et Michaud assignent à l'intérieur de cette coquille trois couleurs différentes : le fond marron avec une teinte plus claire du côté opposé au sommet, le milieu bleu d'azur et le contour orné d'une bande noire avec des points et des lignes blanchâtres en dehors; les coquilles que nous avons eues entre les mains ne possédaient pas ces couleurs brillantes.

Dimensions : Diamètre longitudinal, 40 millimètres; diamètre transversal, 30 millimètres; hauteur, 12 millim.

Variétés : Elles tiennent à la hauteur de la coquille, au nombre et à la force des rayons, ainsi qu'à l'intensité plus ou moins grande de la teinte plombée et de la couleur intérieure.

Rapports et différences : cette espèce est caractérisée surtout par sa convexité assez grande, sa forme rappelant celle d'une ellipse presque égale à ses deux extrémités, sa couleur plombée et la présence de nombreux rayons élevés divergents.

Le *Pat. cœrulea* s'en distingue par sa forme plus déprimée, sa teinte d'un jaune verdâtre et la dépression de ses rayons ...

Le *Pat. aspera* par ses côtes imbriquées, l'épaisseur de son test.; la couleur blanche de la coquille, sa nacre brillante argentée.

Le *Pat. Lowei* par sa forme plus déprimée, plus large, ses côtes couvertes de squames imbriquées, son bord plus dentelé, etc...

Habitat : Tout le long de la côte occidentale de l'Afrique; cette espèce africaine a remonté par le détroit de Gibraltar jusque dans la mer Méditerranée en suivant les côtes du Maroc et de l'Algérie.

Dispersion : les mers du Sénégal (Lamarck); les côtes de l'Algérie (Weinkauff) ; du Maroc, de la Guinée (Mac-Andrew); île de Sainte-Hélène (Jeffreys).

Cette espèce quoique bien distincte est souvent confondue avec le *Pat. cœrulea*. Weinkauff en fait la variété a ovalis elevata de ce dernier ; il la confond à tort avec le *Pat. Lowei* qui est une espèce bien différente.

Lamarck rapporte le libot d'Andanson au *Pat. Plumbea*; il est vrai qu'il le cite aussi en synonymie du *Pat. umbella* de Gmelin, toutefois avec un point de doute. Potiez et Michaud font de même et joignent le libot au *Pat. Plumbea*. La figure d'Adanson ne peut guère, il faut bien l'avouer, servir à lever nos doutes à cet égard ; quant à la description qu'il donne du libot, il ne faut l'accepter qu'avec la plus grande réserve, car plusieurs espèces sont certainement confondues sous ce nom, comme le fait remarquer Dunker, qui rattache le libot à son *Pat. Adansonii* (Guinea Moll. p. 42).

Nous pensons toutefois avec les auteurs que nous avons cités plus haut que le *Pat. Plumbea* doit être compris dans le libot d'Adanson.

PATELLA LOWEI

Patella Lowei, *d'Orbigny*, in Webbs Can., p. 97, pl. 7, fig. 9, 10, 1848.

Patella Lowei, *Dunker*, Guinea Moll., pl. 6, fig. 1, 2, 3, 1853.

Patella Lowei, *Mac Andrew*, Géog. distr. of Test. Moll., p. 30 et 39, 1854.

Patella Lowei, *Weinkauff*, Conch. des Mitt., II, p. 404, 1868.

Cette espèce, que l'on trouve aux Canaries, à Madère et sur les côtes de Guinée, a-t-elle vraiment remonté parfois jusque dans la Méditerranée? Elle est, il est vrai, mentionnée par Weinkauff, mais il la confond avec le *Pat. plumbea*. Nous croyons toutefois devoir la décrire ici et faire ressortir les caractères qui la séparent de ce dernier.

DIAGNOSE. — *Forme* : coquille déprimée, large, de forme ovale ou elliptique, souvent plus étroite en avant, épaisse, rugueuse, terne, demi-transparente.

Sculpture : côtes très nombreuses allant du centre à la périphérie où elles s'élargissent un peu, plus serrées en avant; elles sont inégales, élevées, ornées d'écailles imbriquées, les unes saillantes, les autres dans l'intervalle des grandes saillies; ces squames ont leur concavité tournée vers la partie inférieure.

Couleur : noirâtre ou brunâtre en dessus, marquée chez les jeunes de quelques rayons larges et jaunes.

Sommet : petit, aigu, droit ou parfois très déprimé; il est blanc jaunâtre et situé environ au tiers de la longueur.

Ouverture : large, ovale ou elliptique, souvent rétrécie en avant.

Bord : fortement et irrégulièrement dentelé par l'extrémité des côtes qui le découpent sans former d'angles bien réguliers.

Intérieur : d'un blanc bleuâtre uniforme sous une nacre irisée; impression du fond blanche; bord noirâtre.

Dimensions : diamètre longitudinal, 68 millimètres ; diamètre transversal, 50 millim. ; hauteur, 9 millim.

VARIÉTÉS : comme les autres patelles, celle dont nous nous occupons en ce moment est susceptible de varier dans sa hauteur, ses dimensions, sa forme plus ou moins déprimée, plus ou moins régulière, etc.

RAPPORTS ET DIFFÉRENCES : coquille reconnaissable à sa forme large et déprimée, à ses côtes nombreuses et imbriquées, à sa couleur noirâtre, etc.

Le *Pat. aspera* est moins large, plus élevé, plus épais ; son sommet est plus central, sa nacre blanche intérieurement et sa couleur extérieure d'un fauve blanchâtre.

Le *Pat. plumbea* a une forme moins déprimée, moins étalée, un bord moins dentelé, des côtes mutiques (lisses), etc.

Le *Pat. cærulea* s'en distingue par une forme plus ronde, moins large, un sommet plus central, des côtes lisses et jamais squameuses.

On pourrait plutôt confondre notre espèce avec le *Pat. spectabilis* de Dunker, mais nous n'avons pas à nous occuper ici de cette forme exotique.

HABITAT : cette espèce est assez commune et se trouve fixée aux rochers à un niveau plus élevé que le *Pat. cærulea* (d'Orbigny) ; elle est comestible.

DISPERSION : Ténériffe, baie de Santa-Cruz (d'Orbigny) ; Canaries (Mac Andrew) ; Madère (d'Orbigny, Mac Andrew) ;

côtes de Guinée, Loanda, Bengucla et d'autres points de l'Afrique occidentale; îles Fayal et de Saint-Vincent (Dunker).

Origine : elle a été rapportée de Madère à l'état subfossile.

Cette espèce nous semble bien constante dans ses caractères principaux ; aussi nous ne pouvons partager l'opinion de Dunker, qui voudrait la réunir en une seule espèce avec les *Pat. cærulea, Bonnardi* et *scutellaris,* ni celle de Weinkauff qui la confond avec le *Pat. plumbea* et en fait une variété du *Pat. cærulea.*

PATELLA TARENTINA

Tous les auteurs confondent le *Pat. Tarentina* avec le *Pat. Bonnardi,* qui nous paraît cependant une bonne espèce, comme nous essaierons de le faire voir par les descriptions qui suivent. Nous aurions désiré, pour plus de précision à ce sujet, consulter le *Voyage de Salis dans le royaume de Naples,* où il est fait mention, pour la première fois, du *Pat. Tarentina,* mais il nous a été impossible de nous procurer cet ouvrage. La lecture des travaux des conchyliologues qui traitent de ces espèces et la comparaison d'un grand nombre d'échantillons de ces patelles nous ont autrefois fortifié dans la pensée de séparer le *Pat. Bonnardi* du *Pat. Tarentina.*

La synonymie du *Pat. Tarentina* est fort difficile à établir, puisque, comme nous venons de le dire, deux formes distinctes sont toujours confondues sous ce nom;

nous n'avons pu examiner la figure originale de Salis; quant à Lamarck, comme le fait remarquer Costa, il décrit cette espèce comme inconnue des auteurs qui l'ont précédé, et sa diagnose écourtée ne nous semble pas pouvoir suffire à caractériser l'espèce. Nous croyons que Philippi, vol. 1, p. 110, a décrit sous le nom de *Pat. Bonnardi* (*Pat. Tarentina* de Lamarck, avec un point de doute), une espèce qui se rapproche beaucoup du *Pat. Tarentina* tel que nous le comprenons. Ajoutons aussi que la figure donnée par Reeve sous le nom de *Pat. Bonnardi*, vol. 8, pl. 21, fig. 51, a, b, c, nous paraît représenter le vrai *Tarentina,* car sa forme est ovale, elliptique, et ses rayons nombreux, blanchâtres, inégaux, alternant avec des intervalles marrons, ne permettent pas de le confondre avec le *Bonnardi*. La figure de Delessert (Rec. coq., pl. 23, fig. 7, a, b, c), donne aussi une bonne représentation du *Pat. Tarentina.*

DIAGNOSE. — *Forme :* coquille grande, conique assez aplatie, ovale oblongue ou elliptique, ordinairement d'égale largeur à ses deux extrémités, solide, translucide et assez épaisse.

Sculpture : rayons très nombreux (40, 50 ou plus) allant du sommet à la périphérie ; ils sont blancs ou fauves, assez élevés, de largeur inégale, non interrompus, mais souvent squameux et imbriqués aux points où ils sont coupés par les lignes d'accroissement. Les intervalles qui les séparent sont teints de marron plus ou moins foncé et parcourus par des stries en nombre variable plus petites que les rayons dont nous venons de parler.

Couleur : nous avons dit que les rayons sont d'un blanc plus ou moins pur ou fauves, séparés par des intervalles marrons ou parfois rougeâtres. La coquille est parfois fauve, olivâtre en dessus.

Sommet : obtus, blanchâtre, ordinairement subcentral.

Ouverture : oblongue ovale ou elliptique, habituellement de la même largeur à ses deux extrémités.

Bord : festonné par la terminaison des rayons, plus particulièrement à la partie postérieure.

Intérieur : nacre d'un bleu irisé ou fauve, sous laquelle on aperçoit par transparence les rayons blancs et leurs interstices marrons. L'impression du fond est jaunâtre, bordée par un cercle plus foncé.

Dimensions : diamètre longitudinal, 3 à 4 cent. ; diamètre transversal, 2 1/2 à 3 cent. ; hauteur, 10 à 12 millimètres.

VARIÉTÉS : espèce très variable sous le rapport de la forme plus ou moins déprimée, de la couleur, du nombre et des caractères des rayons. Suivant Philippi, le *Pat. Ulyssiponensis* de Gmelin serait une variété blanche de cette espèce avec des rayons roux ; nous serions plutôt tenté de rapporter le *Pat. Ulyssiponensis* à une variété du *Pat. scutellaris.* Middendorff distingue une variété *elatior* et une variété *costulata*, cette dernière lui paraissant être le vrai *Pat. Tarentina* de Lamarck.

RAPPORTS ET DIFFÉRENCES : nous ferons plus loin, à propos du *Pat. Bonnardi*, ressortir les caractères qui le différencient du *Tarentina.*

Le *Pat. aspera* présente assez de rapports avec le *Tarentina*, mais il en diffère par son épaisseur bien plus considérable, sa teinte ordinairement d'un fauve blanchâtre, la couleur blanche de l'intérieur, sa forme conique plus élevée, ses rayons plus nombreux, plus étroitement imbriqués, plus serrés, etc.

Les *Pat. scutellaris* et *subplana* s'en distinguent par une forme plus déprimée, un bord bien plus découpé, un contour polygonal et anguleux, une teinte fauve uniforme, etc.

Le *Pat. cœrulea* est conique, plus élevé, avec des rayons plus égaux, plus aplatis, plus délicats, et une couleur uniforme d'un jaune verdâtre ; sa forme est d'ailleurs plus ronde.

On ne saurait confondre notre espèce avec le *Pat. fragilis*, qui est très mince et simplement strié, ni avec le *Pat. Lusitanica*, toujours reconnaissable aux séries de points noirs qui ornent sa coquille.

HABITAT : on trouve le *Pat. Tarentina* au niveau des plus basses mers, fixé sur les rochers, sous les plantes marines où il est assez commun.

DISPERSION : coquille répandue dans le bassin méditerranéen et remontant le long de l'Atlantique jusqu'au département de la Loire-Inférieure ; mers de Naples (Costa, Scacchi) ; mer Noire, côtes de Crimée (Krynicki, Kutorga) ; mers de Sicile (Philippi, Aradas et Benoit, Monte-Rosato) ; côtes de Dalmatie (Brusina), du Piémont (Jeffreys), d'Espagne (Hidalgo) ; Corse ; côtes de Provence, Cannes ;

Algérie ; golfe de Gascogne ? Cailliaud la mentionne sur la côte de la Loire-Inférieure, sur les rochers au large du Croisic ? Mer Baltique (L. Fischer), voir Middendorff., Malac. Rossica ?

Origine : caverne ossifère de Mardolce, près Palerme (Philippi).

Non seulement, comme nous l'avons déjà dit, les auteurs réunissent en une seule espèce les *Pat. Tarentina* et *Bonnardi*, mais encore un certain nombre d'entre eux font du *Pat. Tarentina* une variété du *cærulea* (Weinkauff) et même du *Pat. vulgata* (Jeffreys). Nous devons dire toutefois qu'Aradas et Benoit protestent contre la réunion faite par l'auteur allemand ; ils seraient plutôt tentés de joindre le *Pat. Tarentina* au *scutellaris*. Hidalgo confond notre espèce avec le *Pat. aspera* ; il en est de même de Petit de la Saussaye.

PATELLA BONNARDI

Patella Bonardii, *Payraudeau*, Moll. de Corse, p. 89, pl. 3, fig. 9, 10, 11, 1826.

Ce que nous avons dit de la synonymie du *Pat. Tarentina* doit s'appliquer aussi au *Pat. Bonnardi* qui est toujours confondu avec lui et, plutôt que de donner des citations hasardées, nous préférons nous borner à mentionner Payraudeau.

Diagnose. — *Forme* : coquille plus ou moins convexe, de taille médiocre, ovale subanguleuse en avant, parfois presque triangulaire, assez solide, assez mince, demi-transparente.

Sculpture : Une dizaine de larges côtes blanches (ordinairement quatre en avant et six en arrière), s'irradiant en s'élargissant du sommet à la périphérie ; elles sont peu proéminentes, aplaties, et formées par la réunion de stries fines en nombre variable ; les intervalles qui séparent ces côtes sont également striés et de couleur brune, quelquefois presque noire. L'entrecroisement de ces stries avec les lignes d'accroissement donne à la coquille un aspect granuleux, mais elle ne présente pas de squames aussi développées que l'espèce précédente.

Couleur : la présence des côtes blanches se détachant sur un fond plus ou moins noir donne à ces coquilles un aspect fort élégant.

Sommet : obtus, blanchâtre, plus rapproché du bord antérieur que dans l'espèce précédente.

Ouverture : ovale, ordinairement rétrécie et subanguleuse en avant, parfois presque triangulaire.

Bord : assez irrégulier, mais moins que chez le *Pat. Tarentina*, un peu dentelé surtout à la partie interne.

Intérieur : les sillons séparant les côtes se dessinent par autant de raies bleuâtres et les côtes par des raies blanches ; tache du fond orangée ; nacre bleuâtre.

Dimensions : diamètre longitudinal, 4 cent. environ ; diamètre transversal, 3 à 3 1/2 cent. ; hauteur, 1 cent.

VARIÉTÉS : la forme et les dimensions de cette espèce sont fort variables, la coquille étant plus ou moins déprimée et quelquefois passant à une forme presque triangulaire.

RAPPORTS ET DIFFÉRENCES : comme le fait remarquer Payraudeau, le nombre des rayons blancs dans cette espèce est presque constant.

Cette espèce a beaucoup de rapports avec le *Pat. Tarentina,* qui s'en distingue par ses rayons beaucoup plus nombreux, plus aigus, plus élevés, plus squameux, par sa forme un peu plus déprimée, ovale elliptique, son bord plus dentelé, son sommet plus central....

Pour les autres espèces qui s'en rapprochent le plus, nous renvoyons à ce que nous avons dit au sujet du *Pat. Tarentina.*

HABITAT : le *Pat. Bonnardi* vit fixé aux rochers en compagnie du *Pat. Tarentina*, sous les plantes marines.

DISPERSION : cette espèce a été décrite pour la première fois en Corse par Payraudeau, où elle a été retrouvée ensuite par Requien. Comme on l'a toujours confondue avec le *Pat. Tarentina,* il est difficile de distinguer dans les localités citées par les auteurs la part qui revient à chacune d'elles. Elle est mentionnée par Forbes dans la mer Egée. En dehors de ces localités, nous la possédons typique de Cannes, du golfe de Gênes, d'Espagne et d'Algérie.

PATELLA ASPERA

Patella aspera, *Lamarck*, An. s. vert., VI, p. 328, 1817.

Patella aspera, *Philippi*, En Moll. Sic. I, p. 111, 1836, et II, p. 84, 1844.

Patella aspera, *Danilo e Sandri*, Eleng. nom. p. 50, 1854.

Patella aspera, *Brusina*, Contr. faun. Dalm. p. 82, 1866.

Patella aspera, *Hidalgo*, Cat. in Journ. de Conch. XV, p. 414.

Patella cærulea, var. 2, aspera, *Weinkauff*, Conch. des Mittelm. II, p. 404, 1868.

Patella aspera, *Aradas et Benoît*, Conch viv della Sic., p. 119, 1870.

Patella aspera, *Monte Rosato*, Conch. litt. Médit., p. 6, et nom. gén., p. 35, 1884.

Patella aspera, *Locard*, Prodr. Mal. Franc., p. 343, 1886.

DIAGNOSE. — *Forme* : coquille conique convexe, assez élevée, ovale arrondie, quelquefois irrégulière, souvent rétrécie à sa partie antérieure ; solide, épaisse, rude au toucher, terne et opaque.

Sculpture : côtes nombreuses et très serrées, rayonnant du sommet à la périphérie ; elles sont élevées, larges, inégales entre elles, et rendues rudes au toucher par les squames imbriquées qui les garnissent ; entre chacune de ces côtes il y en a deux ou trois plus petites ; elles s'étendent sans interruption du sommet à la périphérie et ne sont pas entamées par les lignes d'accroissement.

Couleur : Ordinairement d'un fauve blanchâtre ou d'un blanc roux, parfois la coquille est rayonnée de blanc et de roux.

Sommet : il est obtus, un peu usé et ordinairement subcentral.

Ouverture : ovale arrondie, parfois irrégulière et rétrécie en avant.

Bord : rendu irrégulier par le prolongement des rayons.

Intérieur : ordinairement nacré et d'un blanc de perle ; quelquefois le centre est orangé, et la périphérie blanche ou fauve à rayons bleus étroits et peu marqués.

Dimensions : diamètre longitudinal : ordinairement 4 à 5 cent. ; diamètre transversal, 3 à 3 1/2 ; hauteur, 2 cent. environ

Reeve, t. II, fig. 23 et Hidalgo, t LIII fig. 1, 2, 5, 6, ont donné de bonnes figurations de cette espèce.

VARIÉTÉS : elles portent sur la hauteur, et la forme plus ou moins allongée de la coquille ; chez quelques-unes le sommet est presque central, et le bord des plus irréguliers donne à la coquille une forme polygonale.

RAPPORTS ET DIFFÉRENCES : cette espèce est caractérisée par ses côtes nombreuses, rudes et imbriquées, son test épais et la couleur blanche de l'intérieur.

Elle diffère du *Pat. plumbea* par son épaisseur plus grande, l'imbrication de ses rayons, la couleur différente du test et de la partie interne... . . . .

On l'a souvent confondue avec le *P. athletica* de Bean, qui s'en distingue par sa forme ordinairement plus déprimée, son épaisseur moindre, par ses côtes moins nombreuses, moins serrées, plus inégales entre elles, par son sommet moins central, son bord plus fortement denté, etc...

Habitat : espèce rare. Côtes d'Espagne (Hidalgo) ; côtes méridionales de la France (Petit) ; Dalmatie (Brusina) ; Spalato, Zara, Macarna (Klécak) ; Sicile (Philippi, Monte-Rosato) ; mers de Palerme et de Syracuse (Aradas et Benoît) ; Madère (Reeve) ; Algérie, Syrie, etc., mentionnée au fond du Golfe de Gascogne, entre Biarritz et Saint-Jean-de-Luz avec les *Pat. cœrulea, Lusitanica, scutellaris;* îles de Ré (Locard) ; rochers du Finistère (Daniel).

Dispersion : Comme on le voit par les localités que nous venons de citer, cette espèce est répandue dans la Méditerranée et dans l'Océan Atlantique.

Origine : Citée par Seguenza comme fossile du pleistocène de Calabre. Les conchyliologues ne sont nullement d'accord sur la valeur spécifique du *Pat. aspera* de Lamarck : Weinkauff en fait une variété de son *Pat. cœrulea,* et le confond avec le *Pat. athletica* des auteurs anglais ; Forbes et Hanley le rapportent à leur *Pat. athletica,* et Jeffreys le considère comme l'état jeune du *Pat. cœrulea.* Cailliaud, dans son catalogue de la Loire-Inférieure, confond aussi le *Pat. aspera* de Philippi avec le *Pat. athletica* de Bean. Brusina, Aradas et Benoît et M. de Monte-Rosato reconnaissent à juste titre cette coquille comme espèce distincte.

PATELLA ATHLETICA

Patella athletica, *Bean*, Brit. mar , Conch., p. 264, fig. 108.

Patella vulgata, var. albumena, *Brown*, Ill. Conch., 2 édit. p. 63, pl. 20, fig. 12, 1844.

Patella athletica, *Forbes et Hanley*, Brit. Moll., II, p. 425, et IV, pl. 61, fig. 7, 8, 1853.

Patella athletica, *Sowerby*, Ill. Ind., pl. 10, fig. 10, 1859.

Patella vulgata, var. 4, *Jeffreys*, Brit. Conch. III, p. 237, 1865.

Patella athletica, *Cailliaud*, Cat. Loire-Inf., p. 131, 1865.

Diagnose. — *Forme :* coquille ordinairement déprimée ou parfois subconique, de forme ronde ovale, simplement ovale ou elliptique, souvent rétrécie à la partie antérieure, solide, épaisse, terne et opaque ; substance de la coquille blanche.

Sculpture : nombreuses côtes presque équidistantes, élevées, proéminentes, plus ou moins anguleuses, régulièrement et finement muriquées, s'irradiant du sommet vers la périphérie qu'elles dépassent beaucoup ; ces côtes élevées sont habituellement au nombre d'une trentaine environ et laissent entre elles des intervalles présentant des côtes semblables mais moins élevées ; elles sont entières d'un bout à l'autre et rarement interrompues par les lignes d'accroissement.

Couleur : d'un jaune vert sale, fauve ou blanchâtre,

uniforme, sur lequel les côtes se distinguent par une teinte plus claire; d'autres fois la surface externe est plus ou moins ornée de châtain, de rouge brun, ou de couleur chocolat dans les intervalles des rayons qui sont plus clairs ou teints de brun; cette alternance de couleurs forme souvent une élégante radiation. D'autres fois la coloration est disposée en zones concentriques interrompues, ou même elle fait absolument défaut.

Sommet : il est obtus, assez mousse et placé habituellement au tiers environ du diamètre longitudinal; plus la coquille est conique, plus le sommet est rapproché du centre.

Ouverture : elle est ovale allongée, ronde ovale ou elliptique, et souvent rétrécie en avant.

Bord : très fortement denté par le prolongement des rayons qui s'avancent toujours beaucoup au-delà du bord.

Intérieur : d'un blanc jaunâtre ou albumineux, quelquefois bleu pâle, sur le fond duquel les côtes se détachent en noir. La tache centrale est orangée ou simplement bordée d'orange. Nacre épaisse, subopaque, peu brillante.

Dimensions : diamètre longitudinal, 3 1/2 à 4 cent.; diamètre transversal, 3 à 3 1/2 cent.; hauteur, 1/2 à 2 cent.

VARIÉTÉS : elles portent sur la hauteur de la coquille, le nombre et l'élévation des côtes, la couleur.

RAPPORTS ET DIFFÉRENCES : les caractères principaux de cette espèce sont : sa forme déprimée, ses rayons élevés et imbriqués séparés par d'autres plus petits, son bord extrêmement découpé, etc.

Il est facile de distinguer notre coquille du *Pat. vulgata*, qui est plus élevé, plus conique, à sommet plus central, à côtes moins élevées, non imbriquées, à bord à peine denté.

Le *Pat. aspera* en diffère par une forme ordinairement moins déprimée, des côtes plus nombreuses, plus serrées, plus rudes, plus égales, un bord moins découpé, une couleur différente.

Le *Pat. plumbea* a une couleur caractéristique, des côtes plus nombreuses, plus rapprochées, non imbriquées, un bord moins dentelé, etc.

Habitat : coquille assez rare, ou plutôt locale; suivant Alder, elle vit sur les rochers, près de la limite de la basse mer, et il serait difficile de se la procurer à la pleine mer.

Dispersion : côtes d'Angleterre : Exmouth, Northumberland (Brown) ; Irlande (Brown) ; c'est sans doute cette espèce qui est citée par Forbes dans sa *Fauna Monensis*, sous le nom de *Pat. vulgata*, var. *B. costata*, *ribs much raised* ; Manche : Jersey ; côtes de France : Morbihan, iles d'Houat et de Méaban (Heude); Loire-Inférieure (Cailliaud) ; Cordouan, Royan ; golfe de Gascogne. Les *Pat. athletica* et *vulgata* sont indiqués avec un point de doute parmi les coquilles draguées par Mac-Andrew au sud de l'Espagne et du Portugal. Les auteurs les plus récents qui ont écrit sur la mer Méditerranée ne font pas mention de cette coquille.

On voit, par ce que nous venons de dire, que cette forme paraît spéciale au nord de l'Atlantique et ne descendrait pas plus bas que les côtes d'Espagne.

ORIGINE : comme le *Pat. vulgata*, elle ne paraît pas antérieure aux dépôts pleistocènes.

Ainsi que la plupart de ses congénères, cette coquille a souvent été méconnue et confondue avec d'autres. Est-elle, comme le font supposer Forbes et Hanley, le *Pat. vulgata* de la *Fauna Suecica ?* C'est le *Pat. vulgata*, var. *albumena* de Brown. Forbes et Hanley adoptèrent l'espèce de Bean, au risque, disent-ils, de s'attirer quelques inimitiés, mais la distinction leur semble aussi justifiée pour cette espèce que pour les *Pat. cœrulea, Candei*, etc. Clark vient d'ailleurs à l'appui de leur manière de voir par l'examen anatomique qu'il a fait d'un grand nombre de ces mollusques. Forbes et Hanley rapportent à notre espèce le *Pat. vulgata* var. *depressed* de Montagu, mais non pas le *Pat. depressa* de Pennant, qu'ils font entrer dans la synonymie du *Pat. vulgata*. Jeffreys considère le *Pat depressa* de Pennant (non Gmelin) comme synonyme du *Pat. athletica*, dont il a fait la quatrième variété de son *P. vulgata*. Cailliaud, ainsi d'ailleurs que Forbes et Hanley, confondent notre espèce avec le *Pat. aspera* de Philippi, et Petit de la Saussaye en fait une variété du *Pat. Tarentina*.

PATELLA FRAGILIS

Patella fragilis, *Philippi*, En. Moll. Sicil., I, p. 110, pl. 7, fig. 6, a, b, 1836, et II, p. 84, 1844.

Patella fragilis, *Requien*, Coq. de Corse, p. 38, 1848.

Patella fragilis, *Jeffreys-Capellini*, Test. cost. Piem., p. 34, 1860.

Patella fragilis, *Brusina*, Contr. Faun. Dalm., p. 82, 1866.

Patella cærulea, var. oblonga ovata, tenui striata, *Weinkauff*, Conch. des Mittelm, II, p. 404, 1868.

Patella fragilis, *Aradas* et *Benoit*, Conch. viv. del. Sicil., p. 119, 1870.

Patella fragilis, *Klécak*, Cat. Moll. Dalm., p. 22, 1873.

DIAGNOSE. — *Forme :* coquille conique déprimée, ovale oblongue ou ovale arrondie, presque égale à ses deux extrémités, assez régulière, ne montrant aucune trace d'angles, mince et translucide.

Sculpture : stries très nombreuses, fines et serrées, peu élevées, égales entre elles, partant du sommet et s'irradiant vers la périphérie ; elles deviennent moins sensibles vers le sommet de la coquille et sont coupées par deux ou plusieurs lignes d'accroissement ; elles ne dépassent pas le bord libre de la coquille.

Couleur : fauve, olivâtre ou d'un cendré noirâtre, pâle, souvent obscurément radiée et plus rarement marbrée de fauve ou de couleur chair.

Sommet : assez aigu, beaucoup plus rapproché du côté antérieur, placé au tiers environ au moins de la longueur totale.

Ouverture : elle est régulière, ovale oblongue ou ovale arrondie, égale à ses deux extrémités.

Bord : entier et à peine frangé par l'extrémité des stries rayonnantes.

Intérieur : entièrement gris blanc ou bleu orné à la

périphérie d'une dizaine de rayons pâles; ou le centre orangé avec la périphérie rayée de bleu et de fauve.

Dimensions : diamètre longitudinal, 3 à 3 1/2 cent.; diamètre transversal, 2 1/2 à 3 cent ; hauteur, 10 à 12 millimètres.

VARIÉTÉS : les caractères les plus susceptibles de varier dans cette espèce sont : le degré de dépression et la couleur interne et externe.

RAPPORTS ET DIFFÉRENCES : facile à distinguer au premier abord par sa minceur, sa translucidité, la présence de stries très nombreuses qui remplacent les rayons et les côtes des autres espèces, la régularité du bord, etc.

Elle ne pourrait guère être confondue qu'avec les *Pat. cœrulea*, *Tarentina* et *scutellaris*.

Le *Pat. cœrulea* en diffère par sa sculpture, formée de côtes peu élevées, séparée par des stries, son épaisseur plus grande, son bord plus découpé.

Le *Pat. Tarentina* est plus déprimé, plus étroit en avant, orné de plusieurs côtes larges, autrement coloré.

Le *Pat. Bonnardi* est moins élevé, présente des côtes blanches sur un fond brun, au nombre d'une dizaine environ, un bord plus irrégulier, plus dentelé, etc.

Le *Pat. scutellaris* a aussi une forme plus déprimée, des côtes plus larges, plus nombreuses, un bord très découpé.

HABITAT : espèce rare. Mentionnée par Philippi dans les mers de Sicile; Bonifacio (Requien); côtes du Piémont

(Jeffreys); Venise (Weinkauff); côtes de Dalmatie (Brusina); mers de Sicile (Aradas et Benoit), et Monte-Rosato qui en fait une variété du *Pat. cœrulea*; Syrie.

Dispersion : espèce spéciale au bassin méditerranéen.

Origine : nous ne l'avons trouvée mentionnée nulle part à l'état fossile.

Peu d'espèces ont été aussi discutées que celle-ci : Philippi, qui l'a créée, se demandait si elle n'était pas une variété du *Pat. scutellaris*, auquel la rapportent d'ailleurs Danillo et Sandri. Weinkauff en fait une variété de son *Pat. cœrulea*. Aradas et Benoit, tout en la maintenant comme espèce distincte, la rapprochent du *cœrulea*; nous avons dit que c'est l'opinion de M. de Monte-Rosato. Pour Petit de la Saussaye, elle est une variété du *Pat. Tarentina*. Ses caractères constants, ses dimensions qui sont bien celles d'une espèce adulte, les différences considérables qui empêchent de la rapporter à toute autre coquille du même genre, nous font nous prononcer franchement en faveur de son maintien au rang d'espèce, et nous dirons avec Brusina (Contrib. alla faun. Dalm., p. 82) qu'il faut ou laisser subsister cette espèce avec les autres, ou n'en citer qu'une seule, parce qu'il existe de l'une à l'autre des passages qui permettent d'en établir une série continue.

PATELLA SCUTELLARIS [1]

Patella scutellaris, *Blainville*, Manuel de Malac., pl. 49, fig. 3, 1825.

Patella scutellaris, *Locard*, Prodr. Mal. Franç., p. 343, 1886.

Ainsi que nous le faisions remarquer à propos du *Pat. Tarentina*, il nous serait facile d'étendre la synonymie de cette espèce en citant tous les auteurs qui l'ont mentionnée dans leurs ouvrages ; mais, comme on confond sous ce nom deux espèces différentes et que les auteurs dont nous parlons n'ont le plus souvent joint aucune diagnose à leur citation, nous croyons qu'il est préférable, pour éviter toute confusion, de ne citer que l'auteur qui a créé l'espèce et l'ouvrage qui en donne la description ou la figure d'une façon typique.

DIAGNOSE. — *Forme :* coquille grande, déprimée, un peu convexe, ovale arrondie ou un peu oblongue, presque aussi large que longue, souvent rétrécie à la partie antérieure, mince, mais cependant solide, demi-transparente.

Structure : rayons très nombreux et inégaux allant du centre à la périphérie ; habituellement ces rayons se réunissent par places pour former des côtes en nombre variable mais toujours plus nombreuses en arrière ; ces

---

(1) Pour les auteurs des *Mollusques du Roussillon* le *Patella scutellaris* de Lamarck serait une espèce exotique bien différente de l'espèce de Blainville.

côtes sont plus ou moins larges, plus élevées que les autres rayons, mais de même couleur que le reste de la coquille. D'autres fois tous les rayons sont subégaux et ne se réunissent pas pour former des côtes distinctes.

Couleur : ordinairement uniforme, d'un jaune roux plus ou moins clair ou cendré olivâtre ; souvent le fond est parsemé de taches blanchâtres réparties inégalement sur la coquille.

Sommet : petit, aigu, jaunâtre et un peu incliné en avant ; il est ordinairement placé environ au tiers de la longueur de la coquille, quelquefois subcentral.

Ouverture : ovale arrondie ou un peu oblongue, souvent rétrécie en avant ; quelquefois le contour affecte une forme polygonale peu marquée.

Bord : tranchant, taillé en biseau à la partie interne, assez découpé surtout en arrière par la terminaison des rayons.

Intérieur : d'un nacré opalin ou irisé extrêmement brillant, sous lequel on aperçoit par transparence la teinte fauve du fond de la coquille avec des raies plus ou moins nombreuses, plus ou moins larges et brunes. La tache centrale est ordinairement orange, quelquefois blanche, et ceinte d'un anneau fauve.

Dimensions : diamètre longitudinal, 4 cent. à peu près ; diamètre transversal, 3 cent. 1/2 à 4 cent. ; hauteur, 8 millimètres à 1 cent.

VARIÉTÉS : les caractères les plus susceptibles de varier sont les dimensions, la forme plus ou moins arrondie, la nature des rayons formant ou ne formant pas de côtes plus élevées, la couleur, etc...

Suivant Philippi le *Pat. margaritacea* de Gmelin serait une simple variété de cette espèce, caractérisée par sa minceur, son bord découpé et sa forme bien anguleuse ; la figure de Martini, pl. 10, fig. 85, donnerait de cette espèce une bonne représentation ; mais elle nous paraît plutôt appartenir au *Pat. subplana*.

Rapports et différences : notre espèce est surtout caractérisée par sa forme ovale arrondie, sa minceur, sa couleur de corne ordinairement uniforme, la nature de ses rayons....

Nous dirons plus bas en quoi elle diffère du *Pat. subplana*.

On pourrait la confondre avec le *Pat. Tarentina*, mais celui-ci a une forme plus allongée, un bord moins découpé, plus régulier, des rayons imbriqués, se détachant en blanc sur un fond marron.....

Le *Pat. Bonnardi* a un bord plus entier, une dizaine de rayons blancs sur un fond brun, une forme différente, etc...

Le *Pat. cærulea* a une forme plus régulière, plus arrondie, plus élevée ordinairement, un sommet plus central, des rayons moins proéminents, plus égaux entre eux, une couleur différente, etc.....

Habitat : on trouve cette coquille fixée aux rochers sur lesquels elle vit de compagnie avec les *Pat. subplana* et *Tarentina*.

Dispersion : mers de Naples et de Sicile (Philippi, Aradas et Benoit, Reeve, Monte-Rosato) ; Ajaccio (Requien) ;

mer Egée (Forbes) ; côtes du Piémont (Jeffreys Capellini) ; Dalmatie (Brusina, Klécak) ; Venise, Trieste, Morée, Syrie (Philippi) ; Algérie, Espagne (Hidalgo). M. Arnould Locard, dans son prodrome de Malacologie française, la mentionne sur les côtes de Provence, du Gard, des Alpes-Maritimes, des Basses-Pyrénées, du golfe de Gascogne, et même à Quiberon, d'après l'autorité de Taslé.

ORIGINE : Palerme, Sciacca, Monteleone ; rare (Philippi).

Cette espèce est comprise fort différemment par les auteurs. Outre la confusion que l'on en fait avec le *Pat. subplana*, certains naturalistes réunissent le *Pat. scutellaris* au *cœrulea* (Weinkauff, qui en fait sa variété d. 5, 8 angulata). Dans le catalogue d'Hidalgo on le trouve réuni au *Pat. cœrulea* sous le nom de variété scutellaris, mais la figure donnée par l'auteur espagnol pl. 50, fig. 8, nous paraît reproduire la face inférieure du *Pat. subplana*. Petit de la Saussaye réunit notre espèce au *Pat. Tarentina.*

PATELLA SUBPLANA

Patella subplana, *Potiez* et *Michaud*, Gal. Moll. Douai, I, p. 524, pl. XXXVII, fig. 3-4, 1838.

Les figures de Potiez et Michaud donnent une représentation exacte du *Pat. subplana* tel que nous le comprenons ; nous devons dire toutefois que la description ne nous semble pas assez précise et pourrait s'appliquer aussi bien à la figuration de Blainville qu'à celle des auteurs que nous venons de citer.

Diagnose. – *Forme :* coquille assez grande, extrêmement déprimée, ovale, à contour polygonal et anguleux, ordinairement rétrécie en avant, mince, mais cependant assez solide et demi-transparente.

Sculpture : rayons très nombreux partant du sommet et se réunissant par places pour former de 5 à 8 grosses côtes saillantes, larges, aplaties, plus nombreuses en arrière qu'en avant. Ces côtes et leurs intervalles sont striés par les rayons dont nous venons de parler et deviennent parfois un peu granuleux aux points d'intersection des stries d'accroissement.

Couleur : de corne plus ou moins foncée, ou fauve tachetée de petits points blanchâtres irrégulièrement disposés.

Sommet : petit, aigu, incliné en avant et très rapproché de la partie antérieure.

Ouverture : allongée et ordinairement rétrécie en avant, formant un polygone de 5 à 8 côtés suivant le nombre des côtes qui ornent la surface.

Bord : tranchant, taillé en biseau en dedans et découpé irrégulièrement par la saillie des côtes qui forment des angles aigus dépassant de beaucoup le bord ; il est aussi dentelé dans les intervalles des côtes.

Intérieur : nacre très brillante à reflets bleuâtres, laissant souvent voir par transparence des rayons bruns ou bleus dans les intervalles des côtes. Tache centrale jaune ou blanche entourée d'un cercle jaune.

Dimensions : diamètre longitudinal, 3 cent. 1/2 à 4 cent ; diamètre transversal, 3 cent. ; hauteur, 6 à 8 millim.

Les figures de Potiez et Michaud nous semblent représenter une coquille relativement de petite taille.

Variétés : elles tiennent surtout aux dimensions de la coquille, au nombre des côtes, et des côtés du polygone que forme l'ouverture, aux découpures du bord, à la position du sommet.....

Rapports et différences : cette espèce se distingue du *Pat. scutellaris* par sa forme plus déprimée, moins arrondie, rappelant celle d'un polygone assez régulier, par son sommet plus en avant, son bord plus découpé, par ses côtes au nombre de 5 à 8, etc.....

Ce que nous avons dit à propos du *Pat. scutellaris* pour le différencier des espèces qui ont avec lui le plus d'analogie, peut s'appliquer également au *Pat. subplana.*

Il est impossible de le confondre avec le *Pat. fragilis* qui est plus mince, plus élevé, plus régulier, simplement strié, et avec le *Pat. Lusitanica* qui présente des séries de points noirs sur la surface de la coquille.

Habitat et dispersion : on le trouve ordinairement dans les mêmes endroits et dans les mêmes conditions que le *Pat. scutellaris* avec lequel il est toujours confondu. Il habite les mêmes régions.

Origine : la même que l'espèce précédente.

Nous avons dit plus haut que le *Pat. margaritacea* de Gmelin nous paraissait se rapporter au *Pat. subplana*; le *Pat. ulyssiponensis* du même auteur est pour nous une simple variété de cette espèce.

Potiez et Michaud, en établissant leur *Pat. subplana*, avaient certainement l'intention de créer une espèce différente du *Pat. scutellaris*, puisqu'ils ne citent pas en synonymie l'espèce de Blainville; d'ailleurs, il serait difficile d'admettre que des naturalistes aussi distingués n'aient pas eu connaissance de l'espèce que Blainville et Lamarck avaient décrite avant eux. Nous nous croyons donc parfaitement autorisé à reprendre ici le nom qu'ils ont employé les premiers et à l'appliquer à la coquille qu'ils ont figurée sur leur planche. A ceux qui trouveraient notre façon d'agir inutile ou blâmable parce qu'elle tendrait à admettre une deuxième espèce là où il ne doit réellement en exister qu'une seule, nous répondrons que la forme que nous avons décrite est fréquemment recueillie dans la Méditerranée et nous paraît, par l'ensemble de ses caractères, fort digne d'être séparée, quel que soit d'ailleurs le nom qu'on veuille lui assigner, espèce ou simple forme.

Cette forme correspond au *Pat. angulata* de Renier, et au *Pat. riparia* de Chiereghini, var. a.

PATELLA LUSITANICA

Patella Lusitanica, *Gmelin*, Syst. Nat., p. 3715, 1789.

Patella punctata, *Lamarck*, An. S. Vert., VI, p. 333, 1819.

Patella punctata, *Payraudeau*, Moll. de Corse, p. 88, pl. 3, fig. 6, 7, 8, 1826.

Patella punctata, *Lamarck*, éd. Desh.., VII, p. 537, 1836.

Patella Lusitanica, *Philippi*, En. Moll Sic , I, p. 110, 1836.

Patella nigro-punctata, *Reeve*, Conch. Ic., pl. 23, fig. 57.

Patella Lusitanica, *Locard*, Prodr. Mal. Franc., p 341, 1886.

DIAGNOSE. — *Forme* : coquille plus ou moins grande, de forme conique plus ou moins déprimée, ovale arrondie, parfois plus étroite en avant, assez solide, épaisse, peu transparente.

Sculpture : nombreux rayons s'étendant jusqu'à la périphérie, mais habituellement n'atteignant pas le sommet; ils sont assez élevés, ordinairement alternant en grosseur, de couleur fauve, rugueux au toucher aux points où ils croisent les stries d'accroissement, et rendus granuleux par des points ou des stries de couleur brune plus ou moins foncée, disposés en séries régulières le long de ces rayons.

Couleur : le fond est blanchâtre, plus ou moins fauve, parfois parsemé de taches marron ; on aperçoit par transparence des rayons blancs et bruns alternant d'une façon fort élégante. Les stries et points noirs dont la coquille est ponctuée lui donnent un aspect fort caractéristique.

Sommet : petit, aigu, ordinairement jaunâtre, incliné en avant et ordinairement subcentral.

Ouverture : ovale, arrondie, parfois retrécie en avant.

Bord : assez épais, presque entier ou subdenté seulement en dedans, maculé de fauve et de blanc. Il est un peu concave vers son milieu, de sorte que la coquille placée sur un plan bien horizontal ne le touche qu'à ses extrémités.

Intérieur : sous une nacre d'un blanc brillant on aperçoit des taches marron quand la coquille est maculée et les rayons blancs et bruns alternant fort élégamment. Le fond est brun verdâtre, livide ou chocolat, entouré d'un cercle jaunâtre ; tout à fait au fond on remarque parfois une petite tache blanche.

Dimensions : diamètre longitudinal, de 2 1/2 à 3 1/2 cent. ; diamètre transversal, de 2 à 3 cent. ; hauteur, de 13 à 18 millim.

Les dimensions les plus grandes que nous donnons de cette espèce sont celles de la coquille figurée par Payraudeau.

VARIÉTÉS : Coquille fort variable dans ses dimensions, sa forme plus ou moins conique, sa couleur...

RAPPORTS ET DIFFÉRENCES : espèce caractérisée par sa forme ordinairement élevée, son sommet subcentral, son bord subdenté, la riche coloration de son intérieur. Tous ces caractères si distincts ont conduit M. le marquis de Monte-Rosato à établir en faveur de cette espèce le genre *Patellastra.*

Le *Pat. Tarentina* diffère du *Lusitanica* par sa forme plus déprimée, son sommet moins central, sa couleur différente ; il ne présente jamais comme notre espèce des séries de points noirs. Il en est de même pour le *Pat. Bonnardi* dont la forme est moins conique, moins arrondie et dont la surface, ornée de nombreux rayons squameux, n'est jamais parsemée de ponctuations noires semblables à celles du *Pat. Lusitanica.*

Le *Pat. scutellaris* est plus déprimé, de forme irrégulière, présente un bord dentelé, un sommet moins central, une couleur jaune uniforme....

Habitat : coquille assez rare vivant fixée aux rochers à un niveau plus élevé que les autres patelles ; elle n'est humectée que par la pleine mer.

Dispersion : mers de Naples (Scacchi, Costa qui lui donne le nom de *granularis*, non Gmelin) ; Sicile (Philippi, Aradas et Benoit, Monte-Rosato) ; Tarente (Salis) ; Corse (Payraudeau, Requien) ; Piémont (Jeffreys) ; Adriatique (Sandri, Brusina) ; Morée (Deshayes) ; mer Égée (Forbes) ; Syrie et Égypte (Philippi) ; Espagne et Portugal (Hidalgo, Reeve) ; Algérie ; Bouches-du-Rhône, Pyrénées-Orientales, Aude, Var (Locard) ; Gard (Clément) ; Hérault (Granger) ; Antibes (Doublier) ; Cannes (Dautzenberg) ; Nice (Vérany) ; Alpes-Maritimes (Roux). On l'a récoltée aussi à Biarritz et dans la région aquitanique de la France.

Sur les côtes de Guinée, cette espèce est remplacée par le *Pat. nigrosquamosa* (Dunker).

Origine : fossile de Palerme, Melazzo, où elle est rare (Philippi), de Calabre (Séguenza).

NACELLA (Schumacher)

Schumacher, nouv. syst. des hab. des vers test., 1817.

Comme nous l'avons déjà dit, le genre Nacella a longtemps été confondu avec les Patelles, comme on peut s'en convaincre par la lecture des ouvrages de Linné, Gmelin et des auteurs anglais, même Forbes et Hanley.

Schumacher créa, en 1817, le genre Nacella, aux dépens des Patelles, dans son nouveau système des habitations des vers testacés; c'est en partie le genre Calyptra de Klein. Le genre Patina de Gray ne date que de 1840.

Le nom d'Helcion employé pour la première fois par Denys de Montfort est adopté par Jeffreys et une partie des auteurs qui l'ont suivi, mais pour un certain nombre de naturalistes il ne s'appliquerait pas aux espèces qui sont comprises dans le genre Nacella ; c'est à cette dernière manière de voir que nous nous rangeons.

Quelques auteurs font encore aujourd'hui de ces espèces un sous-genre des Patelles, mais les Nacella diffèrent de ces dernières par leur forme semi ovale au lieu d'être en chapeau pointu, par leur sommet incurvé, leur minceur, leur transparence, etc....

Le genre Nacella comprend, suivant Jeffreys, des coquilles de forme semi-ovale, ayant à l'état embryonnaire un sommet un peu contourné ; celui-ci n'est pas saillant, mais recourbé et presque terminal, la coquille est mince avec une teinte opaline.

Ces mollusques vivent jusqu'à une profondeur de quinze

brasses environ, sur les laminaires et autres plantes semblables dont ils font leur nourriture (Forbes, Mac-Andrew ; leur habitat est donc sublittoral. Quoique Montagu affirme qu'on ne les trouve jamais attachés à des pierres, Jeffreys dit qu'on a recueilli de jeunes échantillons à la face inférieure de grosses pierres découvertes par la marée. Suivant cet auteur, les jeunes Nacella se fixent à la partie supérieure des frondes des plantes marines ; quand ils deviennent plus vieux ils s'attaquent aux tiges et quelquefois à la base même de la plante où ils se creusent une cavité dans laquelle ils disparaissent à moitié.

On les trouve souvent ainsi rejetés sur le rivage après une tempête. Ce remarquable habitat a été mentionné pour la première fois par M. Le Gentil. Jeffreys s'étonne que les naturalistes anglais aient si longtemps persisté à regarder comme deux espèces différentes la forme ordinaire du Nacella qui vit sur les feuilles et la variété qui vit sur les tiges. Montagu affirme également que le *Nacella pellucida* se rencontre toujours sur les feuilles des algues et les autres sur la tige. Cette différence d'habitat, ajoute encore Chenu, explique une variété dans la forme : tandis que la coquille est jeune, elle monte seulement sur les feuilles, et la forme du bord correspond à la surface plate à laquelle elle adhère ; de même lorsqu'elle attaque la tige, elle prend cette forme que réclame une surface convexe pour un contact serré, ce qui occasionne la différence de développement dans les jeunes et les vieilles coquilles.

Le genre Nacella forme un petit nombre d'espèces qui sont répandues en Europe, au Sud et à l'Ouest de l'Afrique, au cap Horn et en Australie.

Les espèces des mers d'Europe peuvent se rapporter à trois formes principales :

Nacella pellucida, Linnæus.
Nacella lævis, Pennant.
Nacella cornea, Potiez et Michaud.

Quant au *Nacella pectinata* que plusieurs auteurs ont signalé dans nos mers, nous dirons de suite que deux espèces ont été confondues sous ce nom : le *Pat. pectinata* de Linnæus et de Gmelin dont Hanley a figuré une forme (ipsa Linnæi conchylia, pl. IV, fig. 12) et que Weinkauff rapporte au *Siphonaria Algesiræ* et le *Pat. pectinata* de Born (*Pat. pectinata* de Donovan et des anglais à l'exclusion de Pennant). Cette dernière espèce est originaire du Cap et du Sud de l'Afrique, et ce n'est que par hasard ou par erreur qu'elle a été mentionnée jusque sur les côtes d'Angleterre.

NACELLA PELLUCIDA

Patella pellucida, *Linnæus,* Syst. Nat., éd. X, p. 783, 1758.

Patella pellucida, *Gmelin,* Syst. Nat., p. 3717, 1789.

Patella pellucida, *Donovan,* Brit. Shells, I, pl. 3, fig. 1, 1799.

Patella pellucida, *Montagu,* Test. Brit., p. 477, 1803.

Patella pellucida, *Lamarck,* éd. Deshayes, VII, p. 540, 1836.

Patella pellucida, *Brown,* Illust. conch., 2e éd., p. 64, pl. 20, fig. 11, 1844.

Patella pellucida, *Forbes* et *Hanley*, Brit. Moll., II, p. 429, et IV, pl. 61, fig. 3, 1853.

Helcion pellucidum, *Jeffreys*, Brit. Conch., III, p. 242, 1865, et V, pl. 58, fig. 1, 1869.

Nacella pellucida, *Sars*, Moll. reg. arct. Norv., p. 119, 1878.

Helcion pellucidum, *Locard*, Prodr. Mal. Franc., p. 340, 1886.

Diagnose. — *Forme :* coquille gibbeuse, rappelant par sa forme un bonnet phrygien, convexe, assez élevée, régulière, elliptique ou ronde ovale, ordinairement un peu moins large en avant, demi-transparente, assez mince dans le jeune âge et lustrée.

Sculpture : la surface est souvent presque lisse ; d'autres fois elle présente de petites lignes anguleuses peu distinctes qui rayonnent du sommet dans toutes les directions et varient en nombre et en régularité. Elle est couverte de nombreuses lignes microscopiques concentriques et serrées qui, dans les coquilles âgées, s'élèvent pour former les marques d'accroissement.

Couleur : jaune brun ou de corne plus ou moins foncée, parfois olive noirâtre ; ornée, selon Jeffreys, de 25 à 40 raies d'un bleu intense, étroites, brillantes et fort élégantes qui partent du sommet et rayonnent dans toutes les directions ; les auteurs anciens ne mentionnent que 5 à 9 de ces lignes bleues. Elles sont entières ou interrompues, et même chez les vieilles coquilles, elles manquent souvent. Le sommet, mal défini, est marqué d'une tache sombre et quelquefois d'une courte raie linéaire de la même couleur; il est blanchâtre chez les vieilles coquilles.

Bec : peu visible et situé plus bas que le sommet, incliné en avant et rapproché du bord antérieur.

Ouverture : ovale ou elliptique, souvent rétrécie en avant.

Bord : comprimé sur les côtés, égal et lisse, parfois un peu relevé aux deux extrémités (Montagu).

Intérieur : poli, brillant, comme verni, opalescent ou lilas chez les adultes. Une tache centrale plus foncée correspondant au sommet.

Dimensions : diamètre longitudinal, 18 millimètres d'après Sars, mais souvent plus grand (voir les figures de Jeffreys, Forbes et Hanley, etc...); diamètre transversal, 12 millimètres ; hauteur, 5 à 7 millimètres.

VARIÉTÉS : notre espèce est sujette à varier dans son épaisseur, ses dimensions, sa couleur, le nombre de ses lignes bleues, etc... ; elle prend aussi, suivant son âge, un aspect fort différent. Le *Pat. bimaculata* de Montagu, petite coquille aplatie, ovale, lisse, avec un rudiment de sommet et marqué d'une tache noire à chaque extrémité est, suivant Jeffreys, un jeune *Nacella pellucida.* Il en est probablement de même des *Pat. elongata* et *elliptica* de Fleming.

RAPPORTS ET DIFFÉRENCES : nous avons dit plus haut en quoi la coquille des Nacelles diffère de celle des Patelles ; en décrivant les deux autres espèces de Nacelles des mers d'Europe, nous ferons ressortir les caractères qui les différencient du pellucida.

Habitat : nous n'avons pas à revenir sur ce que nous avons déjà dit de l'habitat des Nacelles en général ; ce sont des coquilles de la zone sublittorale.

Dispersion : Islande, îles Féroë (Morch), Norwège (Sars), cap Nord (Danielsen), Héligoland (Frey et Leuckart), Scandinavie (Loven), côtes des îles Britanniques (tous les auteurs anglais). Dans la Manche (de Gerville, Macé, Locard), dans l'Atlantique (Taslé, Cailliaud, Beltrémieux, Locard, etc), baie de Vigo (Mac-Andrew), Mogador (Mac-Andrew et Lowe). Linné cite cette espèce comme habitant la Méditerranée et Maravigna la mentionne sur les côtes de Sicile; Jeffreys, en reproduisant ces habitats, y ajoute aussi la localité d'Antibes (Martin), mais les points d'interrogation dont il fait suivre la mention de ces localités nous prouvent que l'existence dans la Méditerranée du *Nacella pellucida* ne lui est pas parfaitement démontrée. D'ailleurs les auteurs modernes, tels que Weinkauff, Aradas et Benoit, Brusina, Monte-Rosato, n'en parlent pas dans leurs ouvrages. Philippi décrit, il est vrai, un *Pat. pellucida* de Sicile, mais c'est du *Tectura Gussoni* de Costa qu'il veut parler.

Origine : pliocène de Sicile. Post-tertiaire de Norwège, d'Écosse et du nord de l'Irlande.

Cette espèce a reçu des auteurs bien des noms différents : selon Jeffreys, elle serait le *Pat. intorta* de Pennant. C'est le *Pat. minor* de Wallace, le *Pat. cœruleata* de Da Costa, le *Lottia pellucida* de Gray, l'*Acmœa pellucida* de Petit de la Saussaye. Comme nous l'avons dit à propos du *Pat. cœrulea*, Montagu pensait à tort que le *Pat.*

cærulea de Gmelin n'était autre chose que notre espèce parfaitement adulte.

Le *Pat. cærulea* de Brown nous paraît une simple variété de cette espèce.

Enfin, Jeffreys mentionne un *Pat. bimaculata* de Couch qui serait probablement un simple Ascidien, peut-être une espèce de Cynthia.

NACELLA LÆVIS

Patella lævis, *Pennant*, Brit. Zool., IV, p. 143, pl. 90, fig. 151, 1767.

Patella lævis, *Donovan*, Brit. Shells, I, pl. 3, fig. 1, 1799.

Patella pellucida, *Lamarck*, éd. Deshayes, VII, p 540, 1836.

Patella pellucida, *Forbes* et *Hanley*, Brit. Moll , II, p. 430, et IV, pl. 61, fig. 4, 1853.

Patella pellucida, var. lævis, *Jeffreys*, Brit. Conch., III, p. 243, 1865, et V, pl. 58, fig. 2, 1869.

Helcion læve, *Locard*, Prodr. Mal. Franç., p. 344, 1886.

Diagnose. — *Forme :* plus irrégulière que dans l'espèce précédente; très déprimée, parfois presque plate; plus arrondie, plus solide, plus épaisse que le *Nacella pellucida ;* assez opaque.

Sculpture : surface extérieure presque lisse, présentant les mêmes stries et les mêmes lignes bleues que l'espèce précédente; ces raies bleues sont plus souvent obsolètes que dans le *Nacella pellucida*, et toujours d'une couleur plus brillante ; parfois elles manquent totalement.

Couleur : même couleur de corne ou d'un jaune ochracé.

Bec : plus aigu, plus central que dans le *Nacella pellucida* et, comme chez ce dernier, blanchissant dans la vieillesse.

Ouverture : plus arrondie et moins ovale allongée que chez le précédent.

Bord : assez relevé aux deux extrémités, de sorte que, placée sur un plan horizontal, la coquille ne le toucherait que par une portion de son contour.

Intérieur : très brillant, argenté ou iridescent. Tache centrale petite ou même absente.

Dimensions : diamètre longitudinal, 15 à 18 millimètres; diamètre transversal, 14 à 15 millimètres; hauteur, 4 à 5 millimètres.

VARIÉTÉS : elles tiennent à la forme plus ou moins déprimée, plus ou moins arrondie de la coquille, à l'absence ou à la présence des lignes bleues, aux dimensions, etc.

RAPPORTS ET DIFFÉRENCES : notre espèce se distingue du *Nacella pellucida* par sa forme aplatie au lieu d'être élevée gibbeuse, par son contour arrondi et non ovale elliptique, par son sommet moins élevé et plus central, son épaisseur plus grande, etc.

Le *Nacella cornea* en diffère par sa forme élevée, presque conique, sa hauteur beaucoup plus considérable, son sommet plus central, son épaisseur plus grande.

Habitat : comme nous l'avons dit plus haut, cette espèce vit sur les tiges et les racines des Laminaires, tandis que le *Nacella pellucida* se trouve sur les feuilles.

Dispersion : la même que pour le précédent, quoique Loven dise qu'il ne les a jamais trouvés ensemble. Côtes de la Scandinavie, des îles Britanniques. En France, M. Locard le cite de Cancale, du Finistère, de la Loire-Inférieure; Taslé, du Morbihan; nous le possédons de Roscoff, de la pointe de Penmark, du Croisic, de l'île d'Yeu.

Origine : la même que le *Nacella pellucida.*

NACELLA CORNEA

Patella cornea, *Potiez* et *Michaud*, Gal. Moll., p. 525, pl. 37, fig. 5-6, 1838.
Helcion corneum, *Daniel*, in Journ. Conch., t. XXXI, p. 335, 1883.
Helcion corneum, *Locard*, Prodr. Mal. Franç., p. 544, 1886.

Diagnose. — *Forme* : coquille bien convexe, gibbeuse élevée, dont la forme rappelle celle d'un cabochon; elle est ovale arrondie, lisse, épaisse et peu transparente.

Sculpture : comme chez les autres Nacelles, la surface est couverte de rayons ou petits sillons obtus et peu élevés; les stries d'accroissement sont irrégulières et peu sensibles. Les lignes bleues caractéristiques de ce genre manquent souvent, ou quand elles existent, elles sont presque toujours interrompues.

Couleur : luisante, de corne plus ou moins foncée.

Bec : très élevé, comme redressé, ce qui donne à notre espèce un aspect un peu pointu ; il est blanc chez les coquilles âgées, un peu incliné vers le bord antérieur et subcentral.

Ouverture : ovale arrondie.

Bord : assez régulier et un peu relevé aux extrémités.

Intérieur : il est brillant, argenté ou iridescent, comme dans les autres espèces, avec une tache plus foncée au fond.

Dimensions : diamètre longitudinal, 14 à 15 millimètres ; diamètre transversal, 9 à 10 millimètres ; hauteur, 7 à 8 millimètres.

VARIÉTÉS : cette espèce est susceptible de varier dans ses dimensions, sa couleur et la présence et le nombre des lignes bleues, mais à tous les âges elle paraît bien distincte.

RAPPORTS ET DIFFÉRENCES : la forme de cette coquille rappelle celle du *Gadinia Garnoti* de Payraudeau.

Le *Nacella pellucida* en diffère par sa forme moins conique, son sommet moins redressé, moins central, son bec plus incliné, son épaisseur moins grande, etc.

Le *Nacella lævis* a une forme bien plus déprimée, une hauteur presque insignifiante, un contour plus arrondi, une épaisseur moins grande, un sommet moins proéminent, etc.

HABITAT : on trouve le *Nacella cornea* dans la même zone que les autres espèces du même genre et, comme elles, sur les plantes marines dont il fait sa nourriture.

Dispersion : Potiez et Michaud, qui ont créé l'espèce, lui donnent comme habitat les côtes de la Manche. Dans cette mer, M. Locard l'a trouvée à Trouville, au Havre, à Cancale ; nous-même à Roscoff. Dans l'Atlantique, M. Daniel la signale au Conquet, à Camaret, et M. Locard au bourg de Batz, à l'île de Ré, etc.

TECTURA (Audouin et Milne-Edwards)

Audouin et Milne-Edwards, in Ann. Sc. nat., t. XXI, p. 326

Ainsi que les autres genres qui constituent la famille dont nous nous occupons, les *Tectura* ont à l'origine été confondus avec les Patelles : Linné, Gmelin, Müller, Lamarck.... décrivent sous ce nom plusieurs espèces appartenant au genre *Tectura*. Elles en ont été séparées presque en même temps par plusieurs auteurs qui leur ont donné un nom générique différent, de sorte qu'il était assez difficile d'établir auquel de ces auteurs devait revenir la priorité. Nous empruntons à Jeffreys les renseignements suivants ayant trait à ce sujet : Eschcholtz leur donnait le nom d'*Acmæa*, mais la partie de son atlas zoologique qui contient la diagnose de ce genre a été publiée seulement en 1833 ; l'édition de Dorpat de cet atlas, qui date de 1828 ne nomme aucun type ou espèce. Le nom de Tecture a été publié en 1830, et quoique la terminaison n'en soit pas latine, il doit être adopté en l'honneur d'Audouin et de Milne-Edwards, les savants naturalistes français qui ont les premiers indiqué ce genre, et de Cuvier qui l'a nommé ensuite et en a défini les caractères. D'ailleurs le nom d'*Acmæa* étant dérivé d'un adjectif, a une valeur fort contestable.

Quoy et Gaimard nommaient ce genre *Patelloidea*, et Gray, *Lottia*. Forbes et Hanley forment le genre Pilidium pour une de nos espèces, le *Tect. fulva* ; mais ce genre repose seulement sur quelques différences anatomiques, la coquille ne différant pas des autres *Tectura*, comme le font fort bien remarquer ces auteurs. D'ailleurs le nom de Pilidium doit être réservé au genre ainsi nommé par Middendorff pour des espèces appartenant à la famille des Capulidæ. Dall maintient pour ces coquilles le nom d'*Acmæa* et forme un sous-genre (*Collisella*) pour un certain nombre des espèces de ce groupe, et entre autres pour les *Tect. pelta*, *testudinalis*, *peramabilis*, *sybaritica*, etc.....

Jeffreys ne trouve aucune raison suffisante pour séparer les *Tectura* des *Patellidæ*, les différences anatomiques que présentent les branchies ne sont pas assez importantes pour cela. Loven, qui connaissait mieux que personne l'organisation des mollusques, réunit ce genre aux Patelles.

Les *Tectura* de nos mers diffèrent des *Nacella* par une coquille ordinairement plus déprimée, conique, non gibbeuse, présentant des stries rayonnantes au lieu des raies bleues des *Nacella*, une coloration différente et ordinairement élégante au lieu de la teinte cornée de ceux-ci.....

Ce genre renferme des coquilles coniques, ordinairement déprimées, munies de stries qui rayonnent du sommet, et ayant à l'état embryonnaire un sommet courbé ou demi-spiral (l'amiral Acton a même dragué, dans le golfe de

Naples, par une profondeur de soixante brasses, un échantillon bien adulte du *Tect. virginea* de Müller, qui avait encore conservé son nucleus complètement spiral). Le sommet des *Tectura* est non proéminent mais projeté horizontalement et placé près du bord antérieur. Impression palléale presque marginale, en croissant ou en fer à cheval.

Les *Tectura* habitent l'Océan Atlantique et l'Océan Pacifique : on en a trouvé à l'état fossile dans les dépôts tertiaires les plus récents, et dans les couches post-tertiaires.

Leur extension bathymétrique est très grande : les espèces littorales ont des yeux, celles qui vivent à de grandes profondeurs en sont dépourvues.

Les *Tectura* des mers d'Europe comprennent à notre connaissance les espèces suivantes :

Tectura testudinalis, Müller.
— *virginea*, Müller.
— *unicolor*, Forbes.
— *rubella*, Fabricius.
— *fulva*, Müller.
— *rugosa*, Jeffreys.
— *pusilla*, Jeffreys.
— *adunca*, Jeffreys.
— *galeola*, Jeffreys.

Quant à l'*Ancylus Gussoni* de Costa décrit d'abord par cet auteur comme une espèce fluviatile, il a été rangé successivement parmi les *Patelles*, les *Acmæa*, les *Tectura*, les *Gadinia*, etc. . . M. de Monte-Rosato a proposé pour cette espèce le genre *Scutulum* en se basant sur les caractères de l'animal et de la coquille ; presque en même temps Mörch publiait dans le journal de conchyliologie le sous-genre Allerya à propos de la même espèce et en se basant seulement sur les caractères de la coquille ; comme le fait remarquer M. de Monte-Rosato ce nom est inacceptable parce que M. Bourguignat avait déjà créé le genre Allerya pour un groupe de coquilles terrestres. L'examen anatomique de l'animal de l'*Ancylus Gussoni* a porté le savant naturaliste de Palerme à ranger cette espèce dans la famille des Siphonariidæ et à créer pour elle le genre *Williamia*. Nous croyons avec lui que les caractères fournis par la coquille, aussi bien que ceux de l'animal, doivent faire exclure cette espèce de la famille des *Patellidæ*.

TECTURA TESTUDINALIS

Patella testudinalis, *Müller*, Prodr. Zool. Dan., p. 237, 1776.

Patella testudinalis, *Fabricius*, Fauna Groenland., p. 385, 1780.

Patella testudinalis, *Gmelin*, Syst. Nat., p. 3718, 1789.

Patella testudinaria Groenlandica, *Chemnitz*, Conch. Cab., X, p. 325, pl. 163, fig. 1614 et 1615.

Lottia testudinalis, *Gould*, Invert. Massas., p. 153, fig. 12, 1841.

Lottia testudinalis, *Brown*, Illust. Conch., 2e éd., p. 64, pl. XX, fig. 9, 10, 1884.

Acmæa testudinalis, *Forbes* et *Hanley*, Brit. Moll., II, p. 434, et IV, pl. 62, fig. 8, 9, 1853.

Tectura testudinalis, *Jeffreys*, Brit. Conch., III, p. 246, 1865, et V, pl. 58, fig. 3, 1869.

DIAGNOSE. — *Forme :* coquille déprimée ou conique déprimée, à contour ovale ou elliptique, d'après Fabricius plus étroite en avant, à surface aplatie et non convexe comme dans certaines espèces exotiques voisines de celle-ci, mince, opaque, non brillante extérieurement.

Sculpture : nombreuses stries longitudinales rayonnant du sommet et visibles seulement à la loupe ; la surface est aussi couverte de lignes concentriques serrées et presque microscopiques, se relevant parfois pour former les marques d'accroissement.

Couleur : grise avec des stries longitudinales rouge brun foncé ; elles sont souvent confluentes ou fourchues donnant à la coquille l'apparence d'un travail de marqueterie ou d'une écaille de tortue ; d'autres fois la couleur est rouge bien marquée de larges raies ou taches blanches ; quelquefois toute blanche.

Bec : assez aigu, plus blanc que le reste de la coquille, un peu incliné en avant, et placé environ au tiers antérieur.

Ouverture : régulière, ronde ovale ou elliptique, parfois rétrécie en avant.

Bord : dilaté, lisse, non dentelé et un peu en biseau.

Intérieur : poli, brillant ; tache centrale couleur chocolat ; au-dessous d'elle se trouve une zone concentrique d'un blanc porcelaine et très brillante ; le bord est d'une teinte terne souvent varié de blanc et de brun.

Dimensions : diamètre longitudinal, 30 à 35 millim. ; diamètre transversal, 20 à 25 millim. ; hauteur, 7 à 10 millim.

Les échantillons des mers septentrionales et ceux de l'Amérique sont en général plus développés que ceux d'Angleterre.

Variétés : la forme plus ou moins conique, plus ou moins large, les dimensions, la disposition des couleurs, sont surtout susceptibles de varier chez cette espèce. Suivant Jéffreys, le *Pat. Clealandi* de Couch, provenant de Gorran dans le Cornwall, serait une variété blanche de cette espèce, et le *Pat. tessellata* de Müller aurait été décrit d'après un jeune échantillon. Middendorff distingue les variétés *elatior*, *tessellata*, *atropurpurea*, *alba*.

Rapports et différences : espèce caractérisée par sa forme déprimée, ses dimensions relativement grandes, sa coloration, etc.....

Le *Tect. virginea* en diffère par sa taille beaucoup plus petite, ses rayons colorés en rouge au nombre de 12 à 20, au lieu de taches ou de lignes brunes plus nombreuses, l'absence de tache chocolat au fond, etc.....

Les *Tect. fulva*, *rubella*, *unicolor*, sont aussi beaucoup plus petits et présentent des caractères que nous décrirons plus bas.

Le *Tect. Gussoni* a une forme toute différente et habite d'ailleurs la Méditerranée ; nous avons dit d'ailleurs que pour nous il ne devait pas être compris dans cette famille.

Il serait plus facile de confondre le *Tect. testudinalis* avec les espèces signalées par Middendorff dans le voyage en Sibérie, et que l'on pourrait peut-être rencontrer aussi dans le nord de l'Europe :

Le *Tect. patina* (*Pat. patina*, Eschscholtz) a des dimensions plus considérables, une forme plus large et plus déprimée, des côtes nombreuses, minces, élevées, parfaitement visibles sans loupe.....

Le *Tect. pelta* (*Pat. pelta*, Eschscholtz) est plus épais, présente un trentaine de côtes larges, obsolètes, croisées par des stries concentriques onduleuses, une coloration différente.....

Le *Tect. persona* (*Pat. persona*, Eschscholtz), a un sommet plus antérieur, et par suite la pente du sommet à ce bord antérieur est plus droite ; ses pentes latérales et postérieure sont plus convexes ; il est strié comme le *Tect. patina* et sa couleur est d'un brun uniforme.

Le *Tect. alveus*, espèce Nord Américaine n'a pas été rencontré sur nos côtes ; il n'a pas d'ailleurs la tache brune centrale du *Tect. testudinalis.*

Eschcholtz décrit encore dans son atlas de zoologie plusieurs autres espèces de *Tectura*, telles que les *Tect. Mitra*, *mamillata*, *marmorea*, *cassis*, *scutum*, etc..., mais ce sont des espèces du nord-ouest de l'Amérique, des îles Sitcha, et nous n'avons pas à nous en occuper ici.

HABITAT : on le trouve fixé ordinairement à la face inférieure des pierres à marée basse et à une profondeur de vingt brasses dans la zone des Laminaires ; sur la côte Est du Groënland on l'a recueilli jusqu'à cent cinquante brasses.

DISPERSION : c'est une espèce littorale des régions septentrionales qui paraît avoir de la tendance à émigrer vers le Sud. Mer Blanche ; Laponie ; Nouvelle-Zemble ; Nord-Est de l'Amérique. Groënland (Fabricius, Möller, Walker). Région polaire (Middendorff) ; Labrador (Packard) ; Grande-Tartarie (Schrenk) ; Nord de la Norvège (Sars, Loven) ; Islande, Reikiavik, îles Féroë (Mörch) ; Danemark (Müller) ;

îles Shetland (Barlee) ; Orkney, Nord et Ouest de l'Écosse, de l'Irlande, baie de Dublin (M. Andrew, Brown, Lloyd...) Ile du Man (Forbes); Northumberland, Durham. La variété blanche a été trouvée à Finmarck (Loven).

Origine : dépôts pleistocènes de la Suède.

Suivant Jeffreys le *Pat. testudinaria* de Müller serait une forme de notre espèce, moins striée que le type. La coquille du même nom de Linné et de Gmelin est une espèce différente : si l'on se reporte à la planche 8 fig. B de Gualtieri, que ces deux auteurs indiquent comme correspondant à la description qu'ils donnent de leur *Pat. testudinaria*, on se trouve en présence d'une coquille grande (5 à 6 cent. de long sur près de 5 de large), presque arrondie, tachée d'une façon très irrégulière, caractères que ne présente pas le *Tect. testudinalis* de Müller. Gmelin dit d'ailleurs que cette espèce vit dans les mers de l'Inde et de la Norvège et nous savons que l'espèce de Müller est une forme essentiellement septentrionale. On peut donc conclure de là que Gmelin confondait sous ce nom deux espèces différentes.

Notre espèce est le *Pat. testudinalis* de Gmelin, de Lamarck, de Bosc, de Dillwyn, de Wood, etc..., le *Pat. clypeus* de la 1re édition de Brown, le *Pat. amœna* de Say, *Clealandi* de Sowerby, et *Clealandiana* de Leach... Selon Dall, dont l'opinion est corroborée par celle de Carpenter, il serait impossible de séparer le *Tect. patina* du *Tect. testudinalis ;* mais il faudrait rapporter à ce dernier, à titre de variétés, non seulement le *Tectura* (Collisella) *patina*, mais aussi les *Tect. alveus, Cumingii* (Reeve) et *ochracea* (Dall).

TECTURA VIRGINEA

Patella virginea, *Müller*, Prodr. Zool. Dan. p. 237, 1776.

Patella parva, *Da Costa*, Brit. Conch., p. 7, pl. 8, fig. 11, 1778.

Patella minima, *Gmelin*, Syst. Nat, p. 3711, 1789.

Patella parva, *Montagu*, Test. Brit., p. 480, 1803.

Patella virginea. *Lamarck*, éd. Deshayes, VII, p. 543, 1836.

Lottia pulchella, *Forbes*, Mal. Monens., p. 34, 1838.

Patella virginea, *Adler*, Ann. Nat. Hist. VIII, p. 404, 1842.

Acmæa virginea, *Forbes* et *Hanley*, Brit. Moll, II, p. 437 et IV, pl. 61, fig. 1, 2, 1853.

Tectura virginea, *Jeffreys*, Brit. Conch., III, p. 248, 1865, et V, p. 200, pl. 58, fig. 4, 1869.

Tectura virginea, *Locard*, Prodr. Mal. Franc. p. 344, 1886.

DIAGNOSE. — *Forme* : coquille petite, ordinairement déprimée ou subconique, assez fragile, opaque, rarement brillante.

Sculpture : nombreuses stries souvent indistinctes et peu visibles à l'œil nu, fines, filiformes, rayonnant du sommet vers la périphérie. La coquille est en outre couverte de stries concentriques très fines et présente quelques marques d'accroissement.

Couleur : d'un blanc jaunâtre parfois teinté de rose avec 12 à 14 (Forbes et Hanley), 16 à 20 (Jeffreys) raies longitudinales rouges ou d'un rouge brun, assez larges, parfois interrompues ou tachées de blanc, de façon à donner à la surface l'apparence d'un réseau coloré.

Ces rayons sont plus visibles à la base et disparaissent vers le sommet. Les coquilles mortes deviennent blanchâtres et perdent leurs rayons.

Bec : assez aigu et incliné en avant; il est placé près du bord antérieur au-dessus duquel il s'avance quelquefois.

Ouverture : elliptique dans les exemplaires déprimés, ovale ou ronde dans ceux qui sont coniques; dans ce dernier cas le sommet est plus obtus et plus central.

Bord : lisse et uni, un peu évidé intérieurement.

Intérieur : poli, blanc porcelaine ou rose, montrant souvent chez les jeunes coquilles près du sommet, deux des rayons extérieurs plus bruns et ayant la forme d'un V renversé. Tache centrale jamais brune et marquée en dedans d'une raie de petits points blancs qui correspondent probablement à la frange des cirri du manteau.

Dimensions : diamètre longitudinal, 8 à 10 millim.; diamètre transversal, 6 à 8 millim.; hauteur, 4 à 5 millim.

Variétés : Jeffreys distingue une variété *conica* pour les coquilles petites plus élevées, à sommet plus central, et une variété *alba* caractérisée par sa couleur blanc de lait. Les spécimens de la Méditérranée sont plus petits que ceux de l'Océan; ceux qui vivent dans les eaux profondes sont plus minces et plus coniques en général que ceux de la zone littorale. Les rayons forment parfois des raies moniliformes sur un fond bleuâtre; cette variété constitue le *Tect. pulchella* de Forbes. Les exemplaires de Guernesey atteignent une taille considérable.

Rapports et différences : coquille caractérisée par sa forme déprimée, sa couleur d'un blanc jaunâtre avec des rayons roses, son sommet placé près du bord antérieur....

Le *Tect. testudinalis* en diffère par ses dimensions beaucoup plus considérables, sa solidité plus grande, l'absence de rayons colorés, qui sont remplacés par des taches ou des lignes brunes plus nombreuses, par la présence d'une tache chocolat au fond de la coquille, etc...

Le *Tect. unicolor* est plus petit, plus conique, d'une couleur rouge uniforme, sans rayons colorés, à sommet plus central....

Le *Tect. rubella* est d'un jaune rougeâtre uniforme et sans rayons ; il est plus conique, plus élevé, à sommet plus obtus, plus redressé, plus antérieur, etc....

Le *Tect. fulva* est en général plus déprimé, de couleur uniforme, présentant des stries longitudinales bien apparentes, des stries concentriques plus fortes, un sommet très antérieur....

Habitat : commun sur les pierres et les coquilles dans la zone des Laminaires et quelquefois à la basse mer. On le rencontre jusqu'à une profondeur de 150 brasses (Jeffreys). La variété conique vit plus profondément.

Dispersion : Islande (Torell, Mörch) ; îles Féroë (Mörch) ; Suède et Norvège (Sars, Loven) ; Danemark (Müller) ; côtes d'Angleterre (Da Costa, Maton et Rackett, Turton, Brown, Wood, Forbes et Hanley, Jeffreys, etc...) ; côtes de France, la Manche (Terquem, Macé, Locard) ; l'Atlantique, Brest

(Daniel); Concarneau (Le Guernc); Morbihan (Taslé); Loire-Inférieure (Cailliaud). Iles d'Yeu, de Ré, d'Oléron; golfe de Gascogne. Baie de Vigo (Expédition du Porcupine). Côtes d'Espagne et de Portugal (Mac-Andrew). Côtes méridionales de France (Petit). Corse (Requien); Piémont (Jeffreys); Sicile (Philippi); Adriatique (Brusina); mer Égée (Forbes); Banc de l'Aventure (Expédition du Porcupine); Algérie (Weinkauff); Maroc et Canaries (Mac-Andrew); Madère (Watson); Açores (Drouet); Cap-Vert (de Rochebrune); Sainte-Hélène (Melliss).

ORIGINE : miocène, marnes du Vatican (Ponzi). Pliocène, crag rouge, crag d'Anvers, Italie, Rhodes Post-tertiaire, Scandinavie, Grande-Bretagne, Italie.

Jeffreys faisait de l'*Ancylus Gussoni* de Costa un synonyme de son *Tect. virginea;* cet exemple est suivi, à regret toutefois, par Weinkauff, qui hésite à se prononcer à cause du petit nombre d'exemplaires qu'il a eus entre les mains. Nous avons dit au commencement de ce chapitre ce qu'il fallait penser de cette manière de voir.

TECTURA UNICOLOR

Lottia unicolor, *Forbes*, Rep. on Œg. Invert, p. 135 et 188, 1843.

Tectura unicolor, *Monte-Rosato*, Enum. e Sin., p. 18, 1878.

Tectura virginea (non Müller), pars auctorum.

Tectura unicolor, *Locard*, Prodr. Mal. Franc., p. 345, 1886.

Diagnose. — *Forme :* coquille petite, ovale arrondie ou presque ronde, subconique, mince, peu brillante, lisse, opaque.

Sculpture : la surface est ordinairement lisse et sans sculpture bien marquée ; cependant on aperçoit à la loupe des stries circulaires très fines et quelques marques d'accroissement

Un certain nombre d'exemplaires que nous avons reçus de Sicile présentaient un grand nombre de petites stries fines et peu marquées, de la même couleur que la coquille et ne s'étendant pas jusqu'au sommet.

Couleur : d'un rouge uniforme plus ou moins foncé, sans rayons d'une couleur différente ; la couleur devient blanche chez les coquilles mortes.

Bec : plus droit, moins penché en avant que dans le *Tect. virginea* ; plus central que dans cette espèce.

Ouverture : ovale arrondie, quelquefois presque ronde.

Bord : uni, lisse, un peu évidé.

Intérieur : peu brillant, de la même couleur que l'extérieur.

Dimensions : diamètre longitudinal, 6 à 7 millim ; diamètre transversal, 4 à 5 millim. ; hauteur, 3 millim environ.

Variétés : elles tiennent à la couleur plus ou moins pâle, à la forme plus ou moins déprimée, plus ou moins conique, ovale ou arrondie....

Rapports et différences : espèce caractérisée par sa taille petite, sa forme subconique, sa couleur d'un rouge uniforme, son aspect lisse, son sommet subcentral, etc....

Le *Tect. virginea* en diffère par sa taille plus grande, sa surface ornée de rayons rouges et non de couleur uniforme, sa forme ordinairement moins conique, son sommet plus antérieur, plus penché, moins dressé, etc....

Le *Tect. fulva* est plus grand, plus déprimé, présente des côtes rayonnantes, un sommet plus antérieur, etc....

Le *Tect. rubella* est plus conique, plus élevé, d'une couleur différente, à sommet obtus, redressé et presque central, etc....

Habitat : suivant Forbes, l'étendue bathymétrique de cette espèce varie de 55 à 150 brasses ; elle n'est pas rare sur les fonds de nullipores.

Dispersion : Asie Mineure, Crête, Cyclades (Forbes) ; Méditerranée et Adriatique (Monte-Rosato) ; Manche, Trouville, Cancale (Locard) ; Camaret, Dinan, le Conquet (Daniel cité par Locard) ; île de Ré (Beltrémieux) ; Nice (Locard).

Espèce distinguée avec raison par Forbes, mais que les auteurs ont presque toujours confondue avec le *Tect. virginea*. Weinkauff la comprend dans la synonymie du *Tect. virginea* et Petit de la Saussaye, dans celle du *Gadinia Gussoni*, qui est une espèce bien différente.

TECTURA RUBELLA

Patella rubella, *Fabricius*, Fauna Groenl., p. 386, 1780.

Patella rubella, *Gmelin*, Syst. Nat., p. 3712, 1789.

Patella rubella, *Möller*, Index Moll. Groenl., p. 89, 1842.

Patella rubella, *Loven*, Index Moll., p. 26, 1856.
Tectura rubella, *Sars*, Moll. reg. Arct. Norv., p. 121, pl. 8, fig. 5 a. b., 1878.

DIAGNOSE. — *Forme :* coquille petite, ovale arrondie, assez élevée, presque conique, mince, demi-transparente, assez lisse et peu brillante.

Sculpture : Fabricius et Gmelin lui donnent des stries longitudinales très serrées et très minces, dont quelques-unes sont plus élevées; nous n'avons pu constater ces stries longitudinales, mais bien des stries concentriques très serrées, dont quelques-unes s'élèvent en forme de marques d'accroissement; Sars ne mentionne aussi que ces stries circulaires.

Couleur : rougeâtre ou orangé uniforme plus ou moins intense, sans taches ni rayons colorés, le sommet parfois d'une couleur plus foncée ; les plus grandes coquilles ont parfois une teinte verdâtre.

Bec : sommet obtus assez gros, mais redressé et peu incliné en avant ; il est placé un peu en avant de la partie centrale.

Ouverture : oblongue ovale ou ovale arrondie, parfois rétrécie en avant.

Bord : bien uni et entier.

Intérieur : de la même couleur qu'extérieurement et peu brillant, la partie qui correspond au sommet est plus sombre.

Dimensions : diamètre longitudinal, 5 à 6 millim. ; diamètre transversal, 3 à 3 1/2 millim ; hauteur, 3 millim. environ.

Variétés : cette espèce est peu variable. Les jeunes ont un sommet en forme de bouton, mais non spiral, tourné vers le côté le plus large et le plus long ; ce sommet est fortement strié dans le sens de la longueur et ressemble à celui d'un *Ancylus*.

Rapports et différences : coquille caractérisée par sa petite taille, sa forme conique élevée, sa couleur rougeâtre, l'absence de côtes rayonnantes....

Le *Tect. virginea* en diffère par sa taille plus grande, sa forme plus déprimée, plus allongée, son sommet moins redressé, plus incliné en avant, par ses rayons rouges ou bruns sur un fond jaunâtre, etc....

Le *Tect. unicolor* est plus déprimé, moins conique, moins haut ; il a une couleur différente, une coquille lisse, moins terne, un sommet plus aigu, etc....

Le *Tect. fulva* est également moins conique, plus aplati, à sommet plus aplati, plus incliné en avant, plus antérieur, sa couleur est orange ou rouge brun et il présente de nombreux rayons partant du sommet, etc....

Habitat : espèce assez rare, vivant profondément parmi les racines des plantes marines ou dans les fissures des coquilles.

Dispersion : essentiellement septentrionale ; Godhavn (de 5 à 20 brasses), pêchée morte de 5 à 57 brasses. Groënland (Fabricius, Gmelin, Möller) ; Spitzberg (Torell) ; Labrador (Packard fide Whiteaves) ; Newfoundland (Verkrüzen) ; Tromsö, Norvège (Sars) ; Finmark (Loven). Suivant Dall, quelques petites coquilles trouvées aux îles Aléoutiennes se rapporteraient peut-être à cette espèce.

Cette espèce a une forme bien différente de celle des autres *Tectura* et Jeffreys dit qu'elle pourrait devenir le type d'un genre distinct, pour lequel il propose le nom d'*Erginus*, un des Argonautes. Elle est confondue par Petit de la Saussaye avec le *Tect. fulva.* Gmelin décrit deux *Pat. rubella,* celui de la page 3712 que nous avons cité en synonymie et un autre p 3723 ; autant que l'on en peut juger par sa diagnose écourtée, les caractères de ce dernier ne se rapportent pas à notre *Tect. rubella.*

TECTURA FULVA

Patella fulva, *Müller*, Prodr. Zool. Dan., p. 237, 1776.

Patella fulva, *Gmelin*, Syst. Nat., p. 3712, 1789.

Patella Forbesi, *Smith*, Mém. Werner. Soc., VIII, p. 107, pl. 2, fig. 3.

Patella Forbesi, *Brown*, Illustr. Conch., 2e édit., p. 64, pl. 57, fig. 3-4, 1845.

Pilidium fulvum, *Forbes* et *Hanley*, Brit. Moll., II, p. 441 et IV. pl. 62, fig. 6-7, 1853.

Tectura fulva, *Jeffreys*, Brit. Conch., III, p. 250, 1865, et V, p. 200, pl. 58, fig. 5, 1869

Scutellina fulva, *Sars*, Moll. reg. Arct. Norv., p. 122, 1878.

Tectura fulva, *Locard*, Prodr. Mal. Franc., p. 345, 1886.

Diagnose. — *Forme :* coquille petite, en forme de chapeau, ou semi-ovale, conique déprimée, assez inéquilatérale, assez mince, demi-transparente et terne.

Sculpture : nombreux rayons fins et assez élevés allant du sommet à la périphérie ; ils sont plus nombreux en arrière, assez distants les uns des autres. Ils sont croisés par des lignes concentriques serrées, assez fines et élevées et par des marques d'accroissement qui, coupant les rayons dont nous venons de parler, les rendent comme granuleux aux points d'intersection.

Couleur : d'un rouge orangé plus ou moins foncé ; plus rarement on remarque des raies blanches ou orangées sur un fond jaunâtre.

Bec : assez aigu, mais fortement recourbé en avant, descendant assez abruptement sur le bord antérieur ; la partie postérieure forme au contraire une courbe élégante sans compression latérale ; il est très rapproché du bord antérieur.

Ouverture : ovale ou elleptique, parfois un peu rétrécie en avant.

Bord : aigu, entier, un peu festonné par les rayons.

Intérieur : lustré et de la même couleur que l'extérieur ; impression centrale plus blanche formant en avant un lobe semi-arrondi et en arrière un lobe ovale.

Dimensions : diamètre longitudinal, 9 millim. ; diamètre transversal, 7 millim. ; hauteur, 4 millim.

Variétés : Jeffreys distingue la variété *albula* pour les coquilles blanches et la variété *expansa* pour les coquilles plus déprimées et plus larges en proportion de la longueur.

Rapports et différences : cette espèce est caractérisée par sa forme conique déprimée, rappelant celle d'un chapeau, sa couleur ordinairement d'un rouge orange uniforme, la présence de rayons, etc....

Le *Tect. virginea* est de dimensions plus fortes, ne présente pas de rayons comme notre espèce, mais des raies de couleur rouge, son sommet est moins déprimé, moins incliné en avant, etc ...

Le *Tect. unicolor* est plus petit, plus conique, à sommet plus central, sans rayons divergents ...

Le *Tect. rubella* est plus élevé, plus conique, de forme plus arrondie, à sommet plus droit, plus central, de couleur différente et sans rayons longitudinaux....

Habitat : on le trouve fixé aux pierres, aux coquilles, notamment au *Pinna rudis*, à une profondeur variant de 10 à 16 brasses, et même dans l'expédition du Shearwater, on l'a pêché par un fond de 487 brasses. Espèce des mers arctiques et septentrionales de l'est de l'Amérique et de l'Europe.

Dispersion : Finmarck (Loven) ; Bohuslan, cap Clair près Héligoland, nord de la Norvège (Sars) ; Danemark (Müller) ; Shetland (Mac-Andrew) ; côtes d'Écosse, Moray Firth (Dawson) ; Orkneys (Thomas) ; comté d'Aberdeen (Thomas) ; Cork Harbour (Humphreys) ; Saint-Andrews (M. Intosch) ; Embouchure de la Clyde, les Hébrides, îles de Zetland ; côte ouest de l'Irlande....

M. Locard l'a récolté aux îles Chaussey et nous-même à Granville. Baie de Biscaye (expédition du Travailleur)

Tripoli (expédition du Shearwater). Cette espèce a été mentionnée avec doute dans la mer Adriatique; si le fait était confirmé, elle serait probablement le reste d'une colonie polaire semblable à celle du golfe du Lion.

ORIGINE : pliocène, crag rouge, Sicile ; Post-tertiaire, Norvège Nous avons dit déjà que Petit de la Saussaye confondait cette espèce avec le *Tect. rubella* dont nous avons donné plus haut les caractères.

Le *Pat. Forbesi* de James Smith et de Brown est analogue à notre espèce, comme on peut le reconnaître à la description et à la figure. Forbes et Hanley ont créé pour notre coquille le genre *Pilidium*; mais ce vocable avait déjà été employé par Middendorff pour désigner des coquilles d'un autre groupe ; cette espèce présente, il est vrai, avec les autres *Tectura*, certaines différences anatomiques dans le manteau et dans la structure de la langue, mais la coquille ne saurait être distinguée suffisamment au point de vue générique des autres *Tectura*. Sars range cette espèce parmi les *Scutellina* de Gray ; suivant Dall, on ne doit en aucune façon la rapporter au genre *Tectura*.

Les quatre espèces que nous allons maintenant décrire appartiennent aux rares coquilles mentionnées par Jeffreys dans son rapport sur l'expédition du Lightning et du Porcupine, ouvrage que l'on peut considérer comme un nouveau supplément du British Conchology. Nous n'avons jamais eu ces espèces entre les mains, mais les diagnoses de Jeffreys sont si claires et les figures qu'il en donne si bien faites et si faciles à comparer, que nous croyons devoir reproduire ici ces descriptions.

TECTURA RUGOSA

Tectura rugosa, *Jeffreys*, Lightn. and. Porcup. Exp., V, p. 671, pl. L. fig. 2, in Proc. Zool. Soc., n° XLV, 1882.

Diagnose. — *Forme* : coquille oblongue ovale, convexe, assez mince, opaque et non brillante.

Sculpture : quelques stries petites et indistinctes qui rayonnent vers le bord ; elles sont croisées par des stries lamelleuses beaucoup plus fortes, serrées et dans la ligne d'accroissement de la coquille, qui font paraître la surface comme ridée. Les points d'intersection sont noduleux. Le nucléus et la partie supérieure de la coquille sont presque lisses.

Couleur : blanchâtre.

Bec : quelquefois recourbé et penché au-dessus du bord antérieur.

Ouverture : oblongue ovale.

Bord : entier.

Intérieur : lustré, montrant l'impression des stries rayonnantes.

Dimensions : longueur, 7 millim. ; largeur, 5 à 6 millim.

Rapports et différences : elle diffère du *Tect. fulva* par sa forme plus élevée et oblongue, par sa sculpture et sa couleur différentes, la position du sommet, etc....

Le *Lepeta cæca* est de taille plus forte, plus conique élevé, avec un sommet subcentral, non recourbé, des stries plus marquées, etc....

Nous verrons plus bas en quoi notre espèce diffère des Tectura qu'il nous reste à décrire.

HABITAT : pendant l'expédition du Porcupine (1870), trois échantillons ont été récoltés dans l'Atlantique, 16e station.

TECTURA PUSILLA

Tectura pusilla, *Jeffreys*, Lightn. and. Porcup. Exp., V, p. 672, pl. L, fig. 3, in. Proc. Zool. Soc., n° XLV, 1882.

DIAGNOSE. — *Forme* : coquille ronde ovale, parfois déprimée, assez mince, opaque et sans lustre.

Sculpture : stries extrêmement nombreuses, serrées et régulières, délicates et petites, rayonnant vers le bord et couvrant toute la surface.

Couleur : blanchâtre.

Bec : placé plus près que le tiers antérieur de la coquille; il est un peu recourbé en avant et comme pincé ; sommet probablement caduc.

Ouverture : ronde ovale.

Bord : mince.

Intérieur : lisse et lustré, impression indistincte.

Dimensions : longueur, 3 millim.; largeur, 2 millim. 1/2.

RAPPORTS ET DIFFÉRENCES : espèce caractérisée par sa petite taille, sa forme arrondie, son sommet assez éloigné du bord antérieur, ses stries extrêmement fines, etc....

Elle diffère du *Tect. rugosa* par sa taille plus petite, sa forme plus arrondie, sa surface plus lisse, son sommet moins antérieur, etc....

Le *Tect. adunca* est oblong allongé, avec un sommet bien proéminent, subspiral et qui se détache, laissant à sa place la trace de son insertion.

Le *Tect. galeola* a la forme d'un casque, il est plus épais, plus solide, son sommet est bien plus rapproché du bord antérieur....

Habitat : trouvé pendant l'expédition du Porcupine dans l'Océan Atlantique, station 16, 17 a. Quelques spécimens morts.

TECTURA ADUNCA

Tectura adunca, *Jeffreys*, Lightn. and. Porcup. Exp , V. p. 672, pl. L, fig. 4, in Proc. Zool. Soc., nº XLV, 1882.

Il est peu probable que cette espèce appartienne au genre Tectura ; son sommet subspiral et caduc doit l'en faire écarter. Jeffreys l'a communiquée au savant naturaliste américain Dall, qui la rapporte à son *Cocculina Beanii ;* nous devons dire que la description de cette dernière coquille peut s'appliquer parfaitement à l'espèce de Jeffreys. Nous avons cru cependant, en attendant que la question soit tranchée d'une façon définitive, devoir mentionner ici cette espèce litigieuse ainsi que la suivante.

Diagnose. — *Forme* : coquille oblongue assez allongée et élevée, comprimée sur les côtés, assez mince, opaque et sans lustre ; ses côtés sont presque parallèles, mais les pentes antérieure et postérieure sont inégales, l'une étant plus longue, arrondie et arquée, l'autre concave et profondément excavée ; les côtés antérieur et postérieur sont arrondis et sensiblement égaux.

Sculpture : quelques stries longitudinales fines, dont quelques-unes sont alternativement plus larges et plus étroites, rayonnant du sommet vers le bord, mais n'atteignant pas tout à fait la partie supérieure de la coquille ; ces stries sont croisées par d'autres stries concentriques plus ou moins irrégulières.

Couleur : blanchâtre; la surface est ordinairement érodée, comme presque toujours dans les coquilles pêchées à une grande profondeur.

Bec : par suite de la forme de la coquille, le bec est placé en avant, environ au tiers de la longueur totale ; il est fortement recourbé ou crochu ; le sommet subspiral se détache et laisse à sa place une sorte de cicatrice, trace de son insertion.

Ouverture : oblongue allongée.

Bord : mince, entier.

Intérieur : lisse, lustré, impression semi-circulaire.

Dimensions : longueur, 4 à 5 millim ; largeur, 3 millim. environ.

Ce sont les dimensions données par Jeffreys, les mensurations du *Cocculina Beanii* de Dall sont plus considérables de près du double.

RAPPORTS ET DIFFÉRENCES : espèce caractérisée par sa compression latérale, sa spire élevée, son sommet crochu, placé environ au tiers de la longueur, ses stries alternativement plus larges et plus petites.

Le *Tect. rugosa* en diffère par sa taille plus grande, sa forme plus arrondie et non comprimée latéralement, ses stries plus nombreuses et plus fortes, son sommet plus antérieur, etc.....

Le *Tect. pusilla* est bien plus arrondi, non comprimé, à stries longitudinales peu marquées et non alternantes, avec un sommet plus antérieur, moins crochu, etc.....

Le *Tect. galeola* se reconnaît à sa forme caractéristique, à son épaisseur bien plus grande, à son sommet bien plus et avant, etc.....

HABITAT : coquille draguée dans l'Atlantique, station 17 a, pendant l'expédition du Porcupine ; un seul spécimen imparfait mais caractéristique a été recueilli.

L'espèce de Dall a été draguée au large des Indes Occidentales, dans l'expédition du Blake, à une profondeur de 399 à 562 1/2 brasses, sur un fond de sable vaseux ; le professeur Verrill l'a obtenue au large de la Nouvelle-Angleterre par un fond de 100 à 365 brasses. La température de l'eau rapportée de ces profondeurs variait de 40 à 52 degrés Farenheit.

TECTURA GALEOLA

Tectura galeola, *Jeffreys*, Lightn. and Porcup. Exp., V, p. 672, pl. L, fig. 5, in Proc. Zool. Soc., N° XLV, 1882.

DIAGNOSE. — *Forme :* coquille dont la forme rappelle celle d'un ancien heaume ou casque arrondi ; solide, épaisse, opaque et non brillante.

Sculpture : nombreuses stries, petites et serrées rayonnant du sommet et couvrant toute la surface ; on voit aussi des lignes d'accroissement bien marquées, plus serrées vers le bord.

Couleur : blanchâtre.

Bec : petit, recourbé, pointu, placé très près du bord antérieur et presque comme suspendu au-dessus de lui.

Ouverture : arrondie.

Bord : entier, comprimé et formant une sorte d'encadrement dans sa moitié antérieure.

Intérieur : lisse, impression semblable à celle du *Lepeta cæca.*

Dimensions : longueur, 4 millim. environ ; largeur, 3 millim. 1/2.

Rapports et différences : coquille reconnaissable de prime abord à sa forme si particulière, à son épaisseur, à sa petite taille, etc.....

Le *Tect. rugosa* est plus grand, plus fortement strié, moins épais relativement, moins arrondi, d'une forme toute différente.

Le *Tect. pusilla* n'a pas cette forme si caractéristique et son sommet est bien plus rapproché du centre.

Le *Tect. adunca* est plus allongé, comprimé latéralement, plus fortement strié, à sommet bien moins antérieur, etc.....

Habitat : un seul spécimen a été dragué dans l'Atlantique (station 24), pendant l'expédition du Porcupine, 1870. Jeffreys a communiqué cette espèce à Dall, qui ne la range pas parmi les Acmœidæ, mais la rapprocherait plutôt des

Capulus ; selon lui il serait difficile de la placer parmi les *Cocculina*. Cette opinion du savant naturaliste américain explique les hésitations de Jeffreys ; si la forme particulière de cette coquille pouvait être regardée comme un caractère générique, le conchyliologue anglais proposerait pour elle le nom de *Dallia*, en l'honneur du savant W.H. Dall si connu par ses nombreux travaux sur les mollusques.

LEPETA (Gray)

Le nom de *Lepeta* est sans doute dérivé de Lepas, l'ancien nom des Patelles. Les coquilles qu'on range aujourd'hui dans ce genre étaient autrefois comprises parmi les Patelles, et Müller a décrit le *Lepeta cæca* sous le nom de *Pat. cæca* ; Möller et Loven placent aussi cette espèce parmi les Patelles, tandis que Sars comprend dans la famille des Lepetidæ les *Scutellina fulva* (*Tect. fulva*), *Lepeta cæca* et *Propilidium ancyloides*.

Ce genre fut d'abord indiqué et nommé par Gray, mais c'est à H. et à A. Adams que revient le mérite de l'avoir défini.

Il comprend des coquilles coniques, parfois déprimées, munies de stries tuberculeuses qui rayonnent du sommet et sont croisées par des lignes concentriques. Le bec recourbé à l'état embryonnaire est toujours incliné vers l'arrière de la coquille, contrairement à ce qui a lieu chez les *Tectura* et les autres Patellidæ; chez les jeunes coquilles le sommet est spiral, recourbé et ressemble à celui des *Propilidium*. Sommet à peu près central, impression musculaire en forme de pied de cheval et ouverte en avant. L'animal est aveugle, infirmité qu'il partage avec le *Tect. fulva.*

Forbes et Hanley confondent le *Lepeta cæca* avec le *Propilidium ancyloides* et paraissent croire que ce dernier pourrait bien n'être que l'état jeune de la première de ces coquilles ; leur description n'est d'ailleurs basée que sur l'examen d'un fort petit nombre d'exemplaires, cette espèce étant alors excessivement rare. C'est à bon droit que Jeffreys a séparé les deux espèces et il fait remarquer que les *Propilidium* diffèrent des *Lepeta* par un sommet qui reste spiral à tous les âges de la coquille, et par un septum qu'ils présentent en dedans du sommet. Ce sont précisément ces deux caractères qui nous ont fait, comme nous l'avons dit plus haut, laisser le genre *Propilidium* en dehors du cadre que nous nous sommes tracé.

LEPETA CÆCA

Patella cæca, *Müller*, Prodr. Zool. Dan., p. 237, 1776.

Patella cæca, *Gmelin*, Syst. Nat., p. 3711, 1789.

Patella cæca, *Dillwyn*, Cat. of rec. Shells, II, p. 1052, 1817.

Patella candida, *Couthouy*, Bost. Journ. nat. Hist., II, p. 86, pl. 3, fig. 17.

Patella cerea, *Moller*, Index Moll. Groënl., p. 89, 1842.

Patella cæca, *Loven*, Index Moll. Scand., p. 26, 1856.

Lepeta cæca, *Jeffreys*, Brit. Conch., III, p. 252, 1865, et V, p. 200, pl. 58, fig. 6, 1869.

Lepeta cæca, *Sars*, Moll. Reg. arct. Norv., p. 123, pl. 20, fig. 17, a. b. 1878.

DIAGNOSE. — *Forme :* coquille à contour ovale, parfois comprimée latéralement, conique plus ou moins élevée, assez solide, opaque et légèrement brillante.

Sculpture : la surface est rendue rude par des stries nombreuses (Gmelin en compte de 60 à 80), fines et serrées, assez élevées, qui rayonnent du sommet mais ne s'étendent pas jusqu'à lui chez les coquilles bien adultes. Elles sont croisées par des stries concentriques et imbriquées, qui, à leurs points d'intersection avec les stries longitudinales, forment de petits nodules ou granulations, principalement vers les bords ; marques d'accroissement bien distinctes. L'entrecroisement de ces deux ordres de stries donne à la coquille, lorsqu'on l'examine à la loupe, l'apparence d'un réseau.

Couleur : blanc de lait suivant Jeffreys, blanc cendré sous un épiderme jaunâtre suivant Sars.

Bec : droit, mousse, obtus, usé chez les spécimens bien adultes ; il est ordinairement subcentral, à l'état embryonnaire il est spiral et penché en arrière (Dall, Jeffreys).

Ouverture : ovale ou elliptique, égale à ses deux extrémités.

Bord : mince et uni, légèrement tuberculeux chez les jeunes.

Intérieur : blanc porcelaine en partie iridescent ; impression centrale large et bien visible ; impression palléale assez large et luisante, placée entre l'impression centrale et le bord.

Dimensions : diamètre longitudinal, 12 à 14 millim. ; diamètre transversal, 8 à 9 millim. ; hauteur, 6 à 7 millim.

Variétés : Middendorff décrit deux variétés principales : la variété *genuina*, caractérisée par la prédominance des stries longitudinales, et la variété *concentrica* des mers d'Ochotsk, chez laquelle les stries circulaires dominent au détriment des autres. Nous renvoyons pour plus de détails à l'ouvrage de cet auteur (Siberische Reise, II), où ces variétés sont décrites avec une précision presque mathématique, puisque Middendorff va jusqu'à mesurer les angles formés par les côtés de la coquille du sommet à la périphérie. La coquille peut aussi être plus ou moins conique, plus ou moins élargie.

Rapports et différences : espèce caractérisée principalement par sa surface granuleuse et comme réticulée, aucune autre espèce, dit Gould, n'ayant ce caractère.

Le *Tect. testudinalis* s'en distingue par sa taille plus considérable, sa forme plus étalée, un sommet antérieur, au lieu d'être presque central, recourbé en avant et non redressé, une surface ornée de taches ou de raies d'un rouge brun, l'absence de nodules granuleux, etc... Suivant Middendorff les jeunes exemplaires du *Tect. testudinalis* pourraient être pris facilement pour des *Lepeta* var. *concentrica*, et la seule différence un peu appréciable serait la hauteur moindre de ces derniers. Le *Lepeta cæca* var. *genuina* serait aussi facile à confondre avec le *Tect. testudinalis* var. *blanche ;* le meilleur signe distinctif serait dans ce cas la tache brune interne du *Tect. testudinalis.*

Le *Tect. virginea* est plus petit de taille, plus déprimé, son sommet est plus antérieur, plus recourbé, sa surface ni granuleuse ni réticulée, d'une couleur blanc jaunâtre ornée de rayons roses, etc.....

Le *Tect. unicolor* est mince, fragile, lisse, très petit, de couleur rouge uniforme, sans stries ni granulations, etc.....

Le *Tect. rubella* est plus petit, de couleur rougeâtre, à sommet plus coloré et non décortiqué, sans stries granuleuses, etc.....

Le *Tect. fulva* est bien moins conique, en forme de chapeau, déprimé, à sommet antérieur et courbé en avant, de couleur orangée, avec quelques stries longitudinales qui ne sont ni noduleuses ni réticulées, moins élevées que celles du Lepeta.

Le *Tect. rugosa* diffère de notre espèce par un sommet bien antérieur et recourbé en avant, une forme moins conique, des stries longitudinales moins marquées, non granuleuses, etc.....

Les coquilles du genre *Propilidium* ne sauraient être confondues avec la nôtre, car elles sont beaucoup plus petites, leur sommet est toujours spiral et recourbé ; elles ont de plus un septum en dedans du sommet.

Habitat : les Lepeta vivent à une profondeur ordinairement considérable, fixés aux pierres et aux corps sous-marins. On les a parfois recueillis dans l'estomac de certains poissons.

Dispersion : espèce circumpolaire s'étendant au Sud jusqu'aux côtes Occidentales de l'Écosse ; cap Cod. Nord du

Japon (de 4 à 100 brasses) ; Groënland (Möller sous le nom de Patella cerea, Mörch) ; Spitzberg (Goodsir) ; Okhotsch (Middendorff) ; Islande : Ofjord, Hofde (Morch) ; côtes Occidentales et Orientales du nord de l'Amérique (Couthouy, Stimpson, Bell, Carpenter) ; Labrador (Packardt) ; Skye (un spécimen mort, Mac-Andrew) ; Baie de Castries (Schrenck) ; îles Féroë (Mörch) ; Nord de la Scandinavie (Sars) ; Danemark (Müller) ; Gottenburgh (Malm) ; Finmark (Loven) ; Jeffreys et Morch l'indiquent sur les côtes Ouest de l'Ecosse. Dragué à l'état subfossile dans le Moray Firth (Dawson). Dans l'expédition du Valorous il a été capturé au large de Godhavn par 80 et 175 brasses. Holsteinborg par 35 et 650 brasses.

ORIGINE : largement distribué dans le pliocène et les récents dépôts tertiaires des régions du Nord : crag rouge, crag corallin ; Uddevalla (Lyell) ; district de Christiania (Sars) ; crag d'Anvers (Coll. Nyst).

Le *Lepeta cœca* était nommé par Couthouy *Pat. candida ;* c'est aussi le *Pat. cerea* de Möller qui le rapporte avec doute à l'espèce de Couthouy ; la description qu'il en donne ne peut laisser subsister aucun doute sur l'identité des deux espèces ; c'est aussi probablement le *Lepeta Franklini* de Gray. Fabricius ne mentionne pas cette coquille dans sa faune du Groënland. Elle n'a pas été trouvée au Sud du détroit de Béring, du côté du Pacifique quoiqu'on l'ait mentionnée à tort dans cette région (Dall). Ce dernier auteur décrit comme espèce distincte le *Pat. cœca* var. concentrica de Middendorff, sous le nom de *Cryptobranchia concentrica*, nom générique employé déjà par Middendoff et dont Dall fait un sous-genre des Lepetidæ. Suivant le naturaliste américain, la famille des Lepetidæ comprend deux subdivisions : les Lepetinæ, dont le type est le genre Lepeta de Gray, et les Lepetellinæ représentées par le genre typique Lepetella de Verrill, dont une espèce, le *Lepetella tubicola* découverte d'abord au Sud-Est des côtes de la Nouvelle-Angleterre aurait aussi été draguée par Sars à l'ouest de la Norvège. Pendant l'expédition du Talisman un gros céphalopode, pêché au large des Açores par une profondeur de 64 brasses, portait toute une colonie de huit spécimens de cette espèce, installés dans une cavité de sa mandibule supérieure. D'après Jeffreys, le *Gadinia compressa* de Tiberi serait aussi une espèce de Lepetella.

Angers, imp. Germain et G. Grassin. — 1005-86.

www.ingramcontent.com/pod-product-compliance
Ingram Content Group UK Ltd.
Pitfield, Milton Keynes, MK11 3LW, UK
UKHW021231230726
13926UKWH00003B/1372